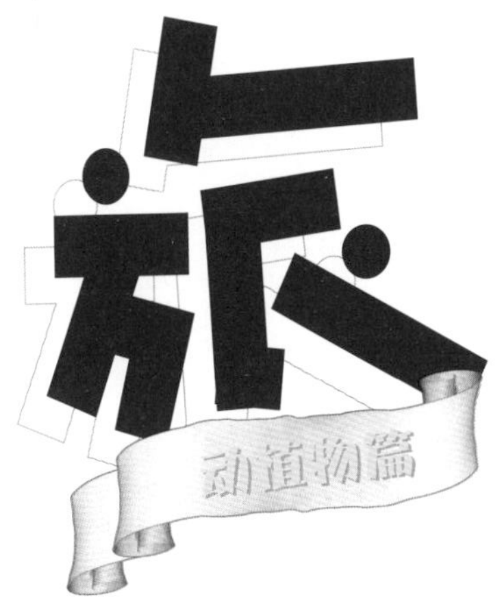

发现之旅

动植物篇

新光传媒◎编译

Eaglemoss出版公司◎出品

FIND OUT MORE

动物的行为

石油工業出版社

图书在版编目（CIP）数据

动物的行为 / 新光传媒编译. —北京：石油工业出版社，2020.3
（发现之旅. 动植物篇）
ISBN 978-7-5183-3150-5

Ⅰ. ①动… Ⅱ. ①新… Ⅲ. ①动物－普及读物 Ⅳ. ①Q95-49

中国版本图书馆CIP数据核字（2019）第035384号

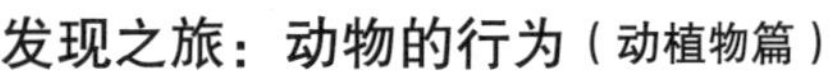

发现之旅：动物的行为（动植物篇）
新光传媒 编译

出版发行：石油工业出版社
（北京安定门外安华里 2 区 1 号楼 100011）
网 址：www.petropub.com
编 辑 部：（010）64523783
图书营销中心：（010）64523633
经 销：全国新华书店
印 刷：北京中石油彩色印刷有限责任公司
2020 年 3 月第 1 版 2020 年 3 月第 1 次印刷
889×1194 毫米 开本：1/16 印张：8.25
字 数：105 千字
定 价：36.80 元
（如出现印装质量问题，我社图书营销中心负责调换）

编辑说明

“发现之旅”系列图书是我社从英国 Eaglemoss（艺格莫斯）出版公司引进的一套风靡全球的家庭趣味图解百科读物，由新光传媒编译。这套图书图片丰富、文字简洁、设计独特，适合 8 ~ 14 岁读者阅读，也适合家庭亲子阅读和分享。

英国 Eaglemoss 出版公司是全球非常重要的分辑读物出版公司之一。目前，它在全球 35 个国家和地区出版、发行分辑读物。新光传媒作为中国出版市场积极的探索者和实践者，通过十余年的努力，成为“分辑读物”这一特殊出版门类在中国非常早、非常成功的实践者，并与全球非常强势的分辑读物出版公司 DeAgostini（迪亚哥）、Hachette（阿谢特）、Eaglemoss 等形成战略合作，在分辑读物的引进和转化、数字媒体的编辑和制作、出版衍生品的集成和销售等方面，进行了大量的摸索和创新。

《发现之旅》（*FIND OUT MORE*）分辑读物以“牛津少年儿童百科”为基准，增加大量的图片和趣味知识，是欧美孩子必选科普书，每 5 年更新一次，内含近 10000 幅图片，欧美销售 30 年。

“发现之旅”系列图书是新光传媒对 Eaglemoss 最重要的分辑读物 *FIND OUT MORE* 进行分类整理、重新编排体例形成的一套青少年百科读物，涉及科学技术、应用等的历史更迭等诸多内容。全书约 450 万字，超过 5000 页，以历史篇、文学・艺术篇、人文・地理篇、现代技术篇、动植物篇、科学篇、人体篇等七大板块，向读者展示了丰富多彩的自然、社会、艺术世界，同时介绍了大量贴近现实生活的科普知识。

发现之旅（历史篇）： 共 8 册，包括《发现之旅：世界古代简史》《发现之旅：世界中世纪简史》《发现之旅：世界近代简史》《发现之旅：世界现代简史》《发现之旅：世界科技简史》《发现之旅：中国古代经济与文化发展简史》《发现之旅：中国古代科技与建筑简史》《发现之旅：中国简史》，主要介绍从古至今那些令人着迷的人物和事件。

发现之旅（文学·艺术篇）：共 5 册，包括《发现之旅：电影与表演艺术》《发现之旅：音乐与舞蹈》《发现之旅：风俗与文物》《发现之旅：艺术》《发现之旅：语言与文学》，主要介绍全世界多种多样的文学、美术、音乐、影视、戏剧等艺术作品及其历史等，为读者提供了了解多种文化的机会。

发现之旅（人文·地理篇）：共 7 册，包括《发现之旅：西欧和南欧》《发现之旅：北欧、东欧和中欧》《发现之旅：北美洲与南极洲》《发现之旅：南美洲与大洋洲》《发现之旅：东亚和东南亚》《发现之旅：南亚、中亚和西亚》《发现之旅：非洲》，通过地图、照片和事实档案等，逐一介绍各个国家和地区，让读者了解它们的地理位置、风土人情、文化特色等。

发现之旅（现代技术篇）：共 4 册，包括《发现之旅：电子设备与建筑工程》《发现之旅：复杂的机械》《发现之旅：交通工具》《发现之旅：军事装备与计算机》，主要解答关于现代技术的有趣问题，比如机械、建筑设备、计算机技术、军事技术等。

发现之旅（动植物篇）：共 11 册，包括《发现之旅：哺乳动物》《发现之旅：动物的多样性》《发现之旅：不同环境中的野生动植物》《发现之旅：动物的行为》《发现之旅：动物的身体》《发现之旅：植物的多样性》《发现之旅：生物的进化》等，主要介绍世界上各种各样的生物，告诉我们地球上不同物种的生存与繁殖特性等。

发现之旅（科学篇）：共 6 册，包括《发现之旅：地质与地理》《发现之旅：天文学》《发现之旅：化学变变变》《发现之旅：原料与材料》《发现之旅：物理的世界》《发现之旅：自然与环境》，主要介绍物理学、化学、地质学等的规律及应用。

发现之旅（人体篇）：共 4 册，包括《发现之旅：我们的健康》《发现之旅：人体的结构与功能》《发现之旅：体育与竞技》《发现之旅：休闲与运动》，主要介绍人的身体结构与功能、健康以及与人体有关的体育、竞技、休闲运动等。

“发现之旅”系列并不是一套工具书，而是孩子们的课外读物，其知识体系有很强的科学性和趣味性。孩子们可根据自己的兴趣选读某一类别，进行连续性阅读和扩展性阅读，伴随着孩子们日常生活中的兴趣点变化，很容易就能把整套书读完。

目录 CONTENTS

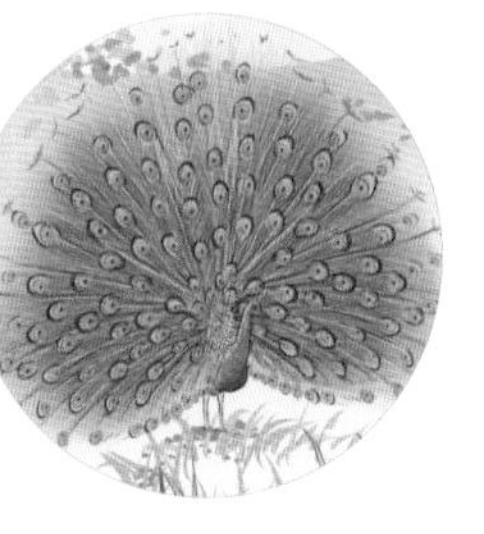

动物的伪装

要想在野外生存下去，惹人注目显然是不行的。因为危险往往近在咫尺。聪明的做法是跟周围的环境融合在一起，好好地把自己藏起来，这样你就很难被发现。

那些看起来同周围环境类似的动物更有生存机会，因为掠食者在寻找下一顿美餐时很难发现它们；同时，它们作为捕猎者，向目标猛扑过去的时候也不容易被猎物觉察——这就是伪装——融进生活的环境里。自然界动物伪装的方式有很多，但常用的是颜色、斑纹、图案和形态。

颜色一致

要和背景融为一体，最简单的方法就是拥有跟周围一样颜色的皮毛、羽毛、鳞片或者皮肤。

▲ 阳光穿过茂密的树冠，投下斑驳的光点，恰好这只小鹿身上的斑点很好地把它掩护起来。大多数小鹿的斑点会随着年龄的增长而慢慢消退。

母狮子的皮毛是褐色的，就像它生活的非洲大草原干草的颜色一样，有了这身伪装衣，它可以在发起攻击前神不知鬼不觉地凑近猎物。同样，除了鼻子和眼睛之外全身雪白的北极熊，可以借着冰雪的掩护偷袭企鹅和海豹。

很多小动物是绿色或者棕色的，这有利于它们隐藏在活的或者枯萎的植物中。在满是沙粒的海床上，欧鲽必须拥有棕色这种保护色，才能融进周围的环境里。

非洲蚱蜢有 6 种不同的颜色，大多数是绿色的，它们栖息的叶片就是这样的颜色；也有一些是跟枯草一样的棕色；还有一些带着紫色的斑点，酷似一些草茎上的纹路。绿色的雌蚱蜢比绿色的雄蚱蜢多得多，因为它们要在草丛中产卵，会在草丛里待更长的时间。

有一些动物会变色，所以它们的伪装术更多变、丰富。四季交替时，它们的颜色也渐渐随之改变。雷鸟（猎鸟）、白鼬和北极狐，在冬季时的颜色比较白，到了夏季颜色会变深。其他的动物，如变色龙、墨鱼、比目鱼，可以随着环境的变化而迅速变化身体的颜色。

南美有一种透明蝴蝶，翅膀透明，身体纤细。当它们飞向蓝天的那一刻，看上去就好像消失在了稀薄的空气中。

▲ 蟹蛛是守株待兔的动物，它跟自己所潜伏的花丛颜色相同，悄悄地等待那些粗心大意的猎物走进它的狩猎区。

斑点和条纹

图案和斑纹也可以帮助动物伪装。阳光透过森林茂密厚重的树冠，斑斑驳驳地洒在地上。单色的外衣在这种时候显然不那么理想，而一件像美洲豹和美洲虎那样带斑点的外衣，最适合在这种斑驳的光线下帮助动物伪装了。

动物身上的粗条纹和其他鲜亮的斑纹让它们即使在远处也很引人注目，隔得很远也能看到。但是在某些环境下，这些斑纹却可以模糊单个动物的轮廓，使它们的天敌很难看清楚它们。

獾㹢狓（长颈鹿的近亲）的屁股上就有这类“干扰性”的斑纹。当它向森林跑去时，给捕猎者留下的是这样一个背影：歪歪斜斜的白色条纹闪来闪去，让捕猎者没法准确判断出獾㹢狓的外形。

而在小珩鸟破壳而出之前，它的带斑点的外表就已经开始保护它了。珩鸟的巢很浅，但是因为巢里的蛋看上去跟周围的鹅卵石和小石头差不多，所以即使近看也不容易被发现。

▲ 一群斑马聚在一个水坑边上喝水，各自身上的黑白条纹相互交错，混淆了个体的轮廓。这类斑纹模糊了单个动物的轮廓，比较容易迷惑天敌的眼睛。

另一种隐身的方法是隐匿在阴影里。很多动物背部的颜色都比腹部的颜色深，这叫“反荫蔽”，它抵消了对动物身体腹部的投影，减少了它们身体的立体感。

“反荫蔽”在沙漠动物身上被发挥得淋漓尽致，像沙鼠，背部的皮毛是沙土色的，腹部是白色的。很多鱼类也有同样的特点，背部的深色加大了天空中的天敌从上方发现它们的难度；而白白的肚子，在透过水面射下来的光线的映衬下，也不容易被处于下方的袭击者发现。

有一种鲇鱼例外，它把这套规则颠倒了一下：背部是浅色，腹部是深色，这叫颠倒的“反荫蔽”，因为它总是背朝下、肚朝天地在水表植物下觅食。

为了减少身体侧面的投影，有些动物干脆就让身体变平，伏在凹处。当一只马来飞翔壁虎伸展开身体趴在树皮上时，是很难被发现的，它的身体和尾巴周围的皮肤连成了宽宽的副翼，起到了很好的伪装作用。

完美的融合

这幅图中藏着 15 种动物——先别看答案，你能找出多少来？又能辨认出多少？它们用的是哪些伪装技巧？它们是在躲避天敌还是在藏匿自己以便捕食？

答案：

1. 禾鼠敏捷地爬上高大的草茎，红黄色的皮肤让它很难被发现。

2. 竹节虫纤细的身体就像一根小树枝。

3. 毛皮上的条纹掩护了在沼泽草地或森林开阔地上捕猎的老虎。

4. 麻鸦的毛色让它能够悄悄地藏在芦苇丛里，当它喙部朝天时尤其难以被发觉。

5. 野兔藏在一个不起眼的洞穴中。

6. 在森林中满是落叶的地上，易受攻击的野猪幼仔藏在它的斑纹“外套”里。

7. 臀部的条纹让獾㹢狓的轮廓模糊不清。

8. 变色龙随着周围环境的改变而变化皮肤的颜色。

9. 拟叶昆虫消失在植物丛中。

10. 蛾栖息在树干上时很难被发现。

11. 只有当它动起来的时候，你才能发现这只趴在绿叶上的青蛙。

12. 马来西亚貘在树荫下安家，它身上黑白相间的皮毛给了它绝好的伪装。

13. 藤蛇一动不动地待着，看起来就像一根树藤，那些毫无觉察地从它身边经过的动物都成了它的美食。

14. 蛙嘴夜鹰茶色的羽毛适合伪装，加上它伸直的头部，看上去简直像个树桩。

15. 虎猫栖息在树上，斑点是它的伪装衣。

▲ 这些印第安玻璃鲇鱼的身体几乎是透明的，在水下很难被发现。水母、海鞘和一些鱼类的幼仔用了同样的方法，用透明的身体把被天敌捕获的风险降到了最低。

模仿和装饰

伪装成不同于自己的另一种事物是种非常棒的方法。最普通的方式是伪装成周围环境的一部分，比如树叶、岩石或者白雪等。拟叶昆虫看上去跟植物的叶子没什么两样；叶状海龙是货真价实的鱼类，但常常被误认为是海藻；刺虫看起来简直就是小枝上的一根荆棘。

不仅仅是动物，植物也会伪装。比如说，有些植物看起来就像鹅卵石一样，人们把它叫作“活石头”。

一些动物善于利用身边触手可及的东西，根据环境的变化而变化来进行伪装。蜘蛛蟹把壳藏在海藻、海葵以及周围的海洋植物里，这样一来，它们看上去就像是一堆毫无用处的杂物。一些南非植物（“活石头”雏菊家族中的成员）的叶片能分泌黏液，粘住好多灰尘，它们看起来就像一些光秃秃的碎土块。

▲ 雪地上的动物通常都是白色的，以便和它们的巢穴以及周围环境相协调。这只海豹幼仔的白毛皮，能帮助它安全地躲开北极熊之类天敌的视线。但北极熊的“外套”也是白色的，这样在捕猎时，它也可以悄悄地靠近猎物。

你知道吗？

角色互换颠倒

雄鸟的羽毛往往颜色鲜亮，而雌鸟的羽毛却常常暗淡无光。因为雌鸟在孵蛋和保护小鸟时容易受到攻击，灰暗的羽毛可以起到很好的保护和伪装作用，保护它们不被发现。但是也有一些鸟，是雄鸟承担着筑巢和孵卵的工作，比如红颈矶鹞，所以雄性红颈矶鹞的颜色比较暗，羽毛是单调的肉桂色，只有胸前有一抹浅红，而雌性红颈矶鹞则穿着一件鲜亮的棕色上衣和酒红色的下装。

动物的模仿

在自然界中，事物并不总是它们看起来的那样。狡猾的模仿者、超级大骗子和技术高超的易容师遍地都是，模仿无处不在。生物的模仿行为被称为拟态。

拟态描述的是两种或者两种以上生物体之间的高度相似现象，有时候，它涉及某种欺骗行为。通常来说，模仿者会模拟一个原型，以欺骗第三方（受骗者）。模仿通常涉及外表或行为的相似性，但是也可能是对声音、气味的模仿。

然而，为什么有的动物想让自己看起来和别的动物一样呢？这是因为模仿能够给它们带来某些好处和利益。例如，把自己装扮成别的东西可以逃过天敌的眼睛（防御性拟态），某些伪装的个体特征能够增加个体的繁殖机会或猎食机会（攻击性拟态）。

有一些生物通过模仿周围植物的形态来加强自己的伪装，它们的模仿对象包括树枝、树叶、棘刺、花瓣等。这并不是真正的拟态，却是一种有效的欺骗，能够帮助动物与自己周围的环境融为一体。这种伪装还能帮助它们避免被自己的天敌发现，或者强化它们的捕食技能。例如，亚洲花蟾看上去就像森林地被层上的一片枯叶，裸躄鱼和叶状海龙无论怎么看都像是一大团海草。

大多数真正的拟态都与融合或隐藏无关。事实上，它们需要被看见才能达到真正的欺骗目的——被看见，却不被发现真正的身份。

防御性拟态

最简单的拟态形式是贝氏拟态。无害的可食性物种把自己伪装成有刺的、有毒的或者味道不佳的动物而从中获益，这种策略就叫作贝氏拟态。例如，花虻艳丽的色彩、显眼的条纹和黄蜂很像，那么当想吃掉花虻的捕食者看到它们那黄蜂般的外表时，可能就会改变主意。许多长角天牛、苍蝇甚至某些蛾子，也会借用黄蜂的色彩模式来保护自己。

美洲金斑蝶在幼虫时期以药用植物马利筋为食，因此它们是有毒的，鸟儿们都不喜欢吃它们。而外表与金斑蝶一样橙黑相间，只是体形略小的副王蛱蝶却非常好吃。但是副王蛱蝶很少被吃掉，因为它们身上的图案使捕食者认为吃掉它们存在很大的风险。那些捕食者早已从过去不愉快的经历中吸取了教训，因此，对那些拥有橙色和黑色警戒色的动物心怀畏惧。

成千上万种口感极差的甲虫都在被一些无害的蛾子、臭虫、蚱蜢和蟑螂模仿，这些无害的昆虫通过这种伪装来保护自己。

许多甲虫和其他小昆虫都通过模仿蚂蚁的形态来保护自己。蚂蚁身上通常都长有刺针，而且擅长叮咬。那些模仿蚂蚁的动物会四处跑动，看上去就像没有翅膀而且忙忙碌碌的工蚁一样。

在哺乳动物中，贝氏拟态并不常见，不过也有一些这样的案例。例如，生活在东南亚森林中的肉食动物会避免捕食树鼩，因为它们的皮毛中含有一种很苦的分泌物，而且它们的肉也非常不好吃。森林中的几种松鼠就会在自己的领地上模仿树鼩的样子，并通过引起吃过树鼩的捕食者不愉快的回忆而获益。长腿、长有条纹、鬃毛直立、体重较轻的非洲土狼很像身强力壮的

▲ 这只模仿蚂蚁的蜘蛛比它的模仿对象多了一对腿，但是在端坐的时候，它可能会来回摆动它的第一对腿，使这对腿看起来就像蚂蚁的触角一样。优秀的蚂蚁模仿者还会不停地爬来爬去，从而使自己更像忙碌的蚂蚁。有些蜘蛛已经进化出了蚂蚁一样的细腰。还有一种生活在亚马孙森林中的蜘蛛，会将吃了一半的蚂蚁顶在头上，再继续搜寻更多的蚂蚁当作佳肴。从上方观察，这只蜘蛛看上去和蚂蚁非常相像，它可以借此逃过捕食蜘蛛的鸟类的眼睛。

▲ 一只饥饿的鸟儿在遇到这只巴西天蛾幼虫的时候，一定会再三思量是否要吃掉它。这条蛾子幼虫将头部朝后，鼓起了装饰着假眼的胸部，看起来很像一条细小却致命的毒蛇。

▲ 这只蛾子使用的模仿策略是贝氏拟态。它是一种无害的生物，但是看上去很像能够刺出毒针的黄蜂。醒目的黄黑条纹警戒色、纤细的翅膀和狭窄的腰部是它伪装的关键。

鬣狗。夜晚，当非洲土狼冒着被美洲豹吃掉的风险外出捕猎的时候，它们的外表为自己提供了额外的保护。

缪氏拟态是指两种不宜食用的动物在外表上互相模拟的现象。在缪氏拟态中，两种动物互相模仿，却不是普通的模仿与被模仿的关系。两个物种都有同样的警戒色，所以，一旦捕食者尝过其中一个物种，以后这两种动物它都不会再吃了。许多相互之间并没有亲缘关系的不宜食用的热带蝴蝶有着同样的警戒色。例如，生活在不同地区的圆端拟灯夜蛾有着不同的身体花纹，但是生活在同一个地区的几个物种通常会分享同样的色彩和花纹式样。

默滕斯氏拟态

南美洲无毒的王蛇有着威风凛凛的红色、黑色和黄色环纹。这几种颜色是经典的警戒色，但实际上王蛇并没有毒，它们是在模仿其他物种。王蛇的色彩和剧毒的珊瑚蛇一样，但是，它们模仿的却不是珊瑚蛇。它们的模仿对象更有可能是一种具有同样色彩模式、毒性较弱的假珊

真假臭虫

第一眼看去，这好像是一条多刺的树枝，再靠近一些观察，你会发现它们其实是一群高度伪装的带刺的臭虫。近距离地观察，你可以看见它们那红色的小眼睛。许多昆虫，如枯叶蝶，都能够精准地模拟树叶的形态，从叶脉、霉斑到锯齿边。有些昆虫不仅模仿树叶的外观，而且连动作也很像树叶。它们把腿伸出去模仿叶柄，并且摇摆着，就像一片随风飘动的树叶。

瑚蛇。攻击珊瑚蛇的捕食者通常会被毒死，因此也就吸取不到什么教训。但是，如果它们碰到的是那种毒性较弱的假珊瑚蛇，劫后余生的捕食者就会牢牢记住这个教训，从此避开那些红、黑、黄色彩模式的蛇——这使得毒性较弱的假珊瑚蛇和无毒的模仿者王蛇都受益了。就连剧毒的珊瑚蛇也会模仿毒性较弱的假珊瑚蛇，以使天敌尽量不去接近它们。这种拟态模式就叫作默滕斯氏拟态。

一些热带西番莲也通过拟态来保护自己。圆端拟灯夜蛾会在西番莲的藤上产下小小的黄色的卵，这样当卵孵化后，它们的幼虫就有了充足的食物——西番莲的叶子。但是，雌蛾一般不会在已经附有黄色卵的植株上产卵。而西番莲会长出黄色的斑点，看起来很像蛾子的卵，这样就摆脱了那些有意向前来产卵的蛾子，从而保护了植株，使自己免于成为蛾子幼虫的美餐。

你知道吗？

骗人的印度豹

和大多数猫科动物不同，印度豹幼仔的“外衣”与它们的父母很不一样，它们的腹部是深色的，而背部却是浅灰色的。它们的这种毛色模式可能是在模仿蜜獾——这是一种令大多数动物避之不及的好斗而且凶残的食肉动物。蜜獾无所畏惧，据说它们曾经通过咬下水牛的睾丸而杀死了巨大的水牛。

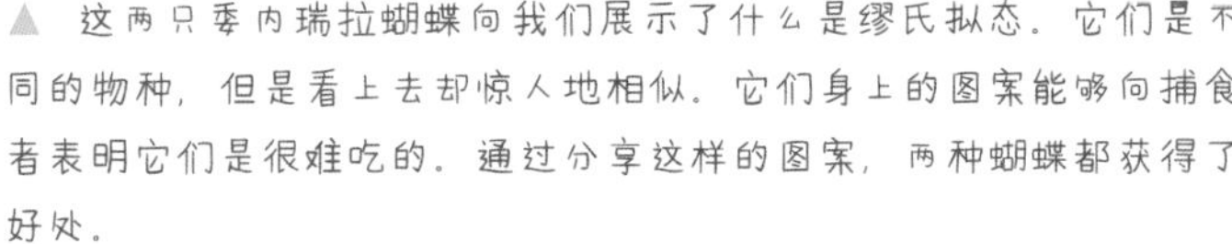

▲ 这两只委内瑞拉蝴蝶向我们展示了什么是缪氏拟态。它们是不同的物种，但是看上去却惊人地相似。它们身上的图案能够向捕食者表明它们是很难吃的。通过分享这样的图案，两种蝴蝶都获得了好处。

▲ 这条珊瑚蛇大胆地展示着身上黄色、黑色和红色的条纹。它是在模仿毒性较弱的假珊瑚蛇，因为曾遭遇过假珊瑚蛇侵害的幸存者会对这些颜色避而远之。如果一个无知的捕食者不幸品尝了珊瑚蛇的味道，它是什么也学不到的，因为它很快就被毒死了。

攻击性拟态

一些动物会通过模仿它们的捕食者而从中获益，就像披着羊皮的狼一样。有几种臭虫“杀手”看起来和它们捕食的昆虫一模一样。这使它们能够轻易接近猎物，直到进入可以发动攻击的范围。有一些隐翅虫的外表和气味都很像蚂蚁——这是一张进入蚁穴的“通行证”，然后它们就可以在蚁穴中尽情享用蚂蚁的卵和幼虫了。

一种名叫纵带盾齿鳚的鱼具有高效的攻击性拟态。从外表上看，它们和“清洁工”裂唇鱼一模一样。这种“清洁工”会帮助一些大鱼清理身体，并除去它们身上的寄生虫。纵带盾齿鳚徘徊在裂唇鱼的“清洁站”附近，它们长着和裂唇鱼一样的条纹，而且还会模仿裂唇鱼在鼓励大鱼靠近时所采用的“舞蹈”动作。毫无戒备的大鱼靠近了它们，等着它们为自己清洁身体，但是，这些大骗子却会突然咬下受害者的部分皮肉，然后吃掉。

腹部会发光的萤火虫当中，每个种类都有自己独特的闪光密码。雄性萤火虫会在飞行中制造闪光，如果有雌性萤火虫用准确无误的信号来回应它，雄性萤火虫就会飞向雌性萤火虫并准备交配。但是，有一种雌性萤火虫会以较小的雄性北美萤火虫为食，它们会模仿雌性北美萤火

寄生虫的策略

有一种营寄生生活的吸虫生活在鸣禽的肠道中。这些吸虫的卵会随寄主的粪便排出体外，并被一种生活在草地和河岸上的蜗牛吃掉。在蜗牛体内，这些寄生虫卵会变成胞蚴（亮绿色的，长有黄褐色的环纹），并在蜗牛的身体组织内发育。胞蚴携带孢子囊，并将孢子囊放置在蜗牛的触角内，这些孢子囊便开始以每分钟 50 次的频率振动，然后触角就会膨胀，最终成为包裹着振动的孢子囊的透明外层。通常情况下，这种蜗牛会避开阳光，但那些携带寄生虫的蜗牛则不一样。它们会顶着振动的触角站在强烈的阳光下，鸟儿则误把这些振动的触角当成昆虫的幼虫，并把它们吃进腹中。在鸟的体内，胞蚴会孵化成尾蚴，然后慢慢发育为成虫，再开始新一轮的循环。同时，蜗牛的触角会再生。当新的孢子囊进入再生的触角时，同样的过程则会重演。由于其他吸虫的胞蚴不会振动，而且颜色也不鲜艳，所以，这种特殊的吸虫好像是在模仿某些鸟儿的食物。

▲ 纵带盾齿鳚模拟了“清洁工”裂唇鱼的形态，但它们并不为大鱼清洁身体，而是趁机狠狠地咬上一口。经过几次惨痛的教训之后，受害者就会对纵带盾齿鳚和裂唇鱼避而远之了。

▲ 匈牙利的可蒙多牧羊犬看上去就像毛发蓬松的绵羊一样，这样它们就可以完全融入羊群而不被察觉。当狼或者其他馋嘴的捕食者靠近时，可蒙多牧羊犬就会露出自己的本来面目，把闯入者吓得魂飞魄散。

虫的交配信号，从而诱捕并吃掉那些前来求爱的不幸的雄性北美萤火虫。

有的巢寄生鸟类也会使用拟态，它们会模仿自己的宿主以获得好处。例如，杜鹃鸟的蛋看起来很像宿主的蛋，于是宿主就会把杜鹃鸟的蛋当成是自己的。非洲的寡妇鸟也是巢寄生鸟，它们的雏鸟是在毫无察觉的雀类的巢中孵化出来的。这些小鸟会张开大嘴乞食，要求养父母喂养它们，它们嘴部的特征几乎与雀类的亲生子女别无二致——它们就这样模仿了雀类的雏鸟。

吸引异性

有一些鸟类会模仿其他鸟儿的歌声——它们四处剽窃其他鸟儿的音乐片段。野椋鸟和八哥都深谙此道，而小嘲鸫模仿其他鸟类语言的技能更加高超。

漂亮的琴鸟是世界上最出色的模仿者之一。展开醒目的尾羽之后，进行求爱的雄鸟就开始发出一连串的鸣叫，它们会熟练地“翻唱”其他鸟类的“情歌”。雄性琴鸟还会模仿自己在森林里无意中听到的各种声音，比如狗的叫声、鹦鹉的语声、工人的口哨声、火车的汽笛声，甚至电锯的声音，以此来博得雌鸟的好感。

另一种利用模仿技能来提高成功交配概率的动物是非洲的口育鱼，它属于丽鱼科朴丽鱼属。雌鱼先把卵产在水中，然后立即将卵含在自己的嘴里。雄性口育鱼的臀鳍附近有一些黄色或者橙色的圆点，看上去非常像水下的鱼卵。雌鱼发现这些圆点后，会认为这是一些散落的鱼卵，于是游过去并张开嘴，试图把它们“拾”起来。而雄鱼就借此机会把精子射入雌鱼的嘴里，使含在雌鱼嘴里的卵受精。

▲ 许多品种的镜兰和蜂兰都进化出了特别的花纹和气味，这使它们看上去、闻起来都很像雌性蜜蜂，把它们当作雌性蜜蜂的雄蜂会试图与这些花交配。在这个过程中，花粉会粘在雄蜂的身上。然后，当它们被另一朵兰花蒙骗并停下来与之“交配”时，它们就为这些花儿授了粉。

大开眼界

蚜虫的软毛

有一些模仿者并不是生下来就与其模仿的原型相似的。例如，有一种草蜻蛉的蛹需要“化装”来达到更好的伪装效果。这种草蜻蛉生活在蚜虫中间，并以它们为食。它会从死去的受害者身上采摘下蜡质软毛，并覆盖在自己的身上，从而使自己看上去也像一条蚜虫。这种伎俩可以迷惑蚂蚁。蚂蚁经常来叶子上收集蚜虫分泌的黏性蜜露，当它们发现没有伪装的、赤身裸体的草蜻蛉蛹时，就会把它们从叶子上摘除。

动物的飞行

自然界里的飞行有两种形式——滑翔和真正的飞翔。有些动物，如鼯鼠和飞蛙，能靠伸展的翼膜在空中滑行，就像滑翔机。但只有那些有翅膀的动物，如鸟类、蝙蝠和昆虫，才能够真正地飞行。

鸟类是最适合飞行的动物。羽毛给它们提供了理想的流线型身躯，它们的骨骼非常轻，这样更容易飞起来。鸟类的骨骼虽然重量轻，却非常坚固结实。

鸟类的脊椎由椎骨相互连接而成。为了减轻重量，宽大的骨骼厚度很薄，但又常弯曲得像山脊一样拱起，以增加强度。较长的骨骼是中空的，有一些里面有气囊和起加固作用的特殊支撑结构。

鸟类的翅膀由前肢逐渐进化而来。鸟儿的指骨很细，腕骨和掌骨很长，而且最终长合在一起以支撑飞羽。借助这些飞羽，鸟儿可以轻松起飞并在空中自由转向。

鸟儿的胸骨非常坚固，上面连附着发达的肌肉，它们能为鸟儿拍打翅膀提供动力。这些肌肉会消耗大量的能量，所以鸟儿的肺大而有效，它们可以为血液提供充足的氧气，还能使身体保持凉爽。鸟儿需要高能量的食物来为肌肉提供热量——各种种子、水果、昆虫和鱼类都是鸟儿们的最爱。最活跃的鸟儿之一——蜂鸟以花蜜为食，而花蜜几乎是纯粹的糖分！

飞行的方式

鸟儿的飞行主要有 3 种方式：拍翅膀、滑翔和翱翔。有些鸟儿比较擅长其中的一种飞行方式，但大多数鸟儿都结合了这 3 种飞行方式。

拍翅膀：这种飞行完全是靠鸟儿扑打翅膀来产生动力的。翅膀一系列复杂的运动，推动鸟儿向上，并且往前运动。蝙蝠也用这种方式飞行。

滑翔：鸟儿从空中下降时，它伸展的翅膀会产生升力，使下降变成了向前的运动（滑翔）。滑翔时，鸟儿的高度不断降低，它很快就得再次扑打翅膀以获得更多的升力。

翱翔：指乘着气流向上攀升。翱翔有 3 种不同类型，分别为：借助暖气流翱翔、借助斜面翱翔和借助动力翱翔。

▶ 通过翅膀一系列复杂的运动，鸟儿飞到了空中，这只白鸽在空中飞得非常稳健。翅膀可以为飞行提供动力，而尾巴则在掌握方向、减速和保持平衡方面起着重要作用。

借助暖气流翱翔：有时地面会产生热空气（上升暖气流），这股上升的暖气流在高处扩散，就像一个巨大的蘑菇。空气在这棵大蘑菇的中心旋转不息，就像烟囱那样，在中心产生出上行的冷空气。鹳、鹈鹕以及鹰一类的猛禽，在这股上升气流中几乎不用花任何力气，就能在百米高空中盘旋。

借助斜面翱翔：当风碰到丘陵、山脉、悬崖或者建筑物时，也会产生向上的气流。鸟儿借助这股力量在空中翱翔，如海鸟，它们会趁着海面刮来的风掠过峭壁时得到上升的推力。

借助动力翱翔：刮过南部海洋的恒定的大风也是鸟儿飞行的好帮手。鸟儿朝着海面滑翔下来，那儿的风速比较慢，接着它又扑打翅膀，攀升得更高些，高处的风速比较快，能为它下一次的滑翔提供特别高的速度。信天翁就可以这样飞行很长距离。

这只羽毛绚丽的蜂鸟每天从几千朵花儿中采集花蜜，它看起来就像是盘旋在空中一样。在所有鸟类当中，蜂鸟飞翔的速度每小时高达40～48千米，而俯冲时的速度每小时更可高达96千米。

起飞、着陆和转向

通常起飞是飞行中最费力的一部分。起飞时，海鸥之类身体比较笨重的鸟儿，会一头扎进风里并且不停拍打翅膀。鸭子之类的水鸟可以一边在水面上“奔跑”，一边拍打翅膀以获得起飞所需的足够的速度。栖息在树枝上的鸟只需要简简单单往下一跳就能获得足够的初速度，雨燕就是这样起飞的。

安全而准确地着陆也是很棘手的一步。一只鸟在降落到着陆点前必须减速，以免撞到地上或者重重地落到栖息的树枝上。下降时，它的翅膀完全伸展开来，空气阻力的增加，使它下落的速度减缓。当它降落到地面时，通过扑打翅膀产生反作用力使自己停下来。脚上有蹼的鸟，如角嘴海雀，它们的脚也是很好的辅助“刹车闸”。

翅膀的形状和飞行的方式

不同种类的鸟，翅膀的形状也不一样。飞行速度快、距离长的鸟类，如燕子，翅膀轻巧而削尖。在飞行的时候这样的翅膀能提供足够的升力并减少阻力。而擅长追赶猎物或者迅速逃跑的鸟类，如松鸡，它们有一对宽大的圆形翅膀，并且非常有力，当危险来临时，会立刻从栖息之地蹦起来。

不同的鸟儿飞行的方式也有不同。八哥不断地扑打着翅膀，笔直向前。而啄木鸟在两次拍打翅膀间会收起翅膀，因此它的飞行是一起一伏的，看上去就像在跳跃。

飞行中的野鸭

野鸭靠着拍打及螺旋状地划动翅膀，使身体前冲并飞上天空，它们的翅膀的动作就跟我们划船的动作差不多。具体过程如下：

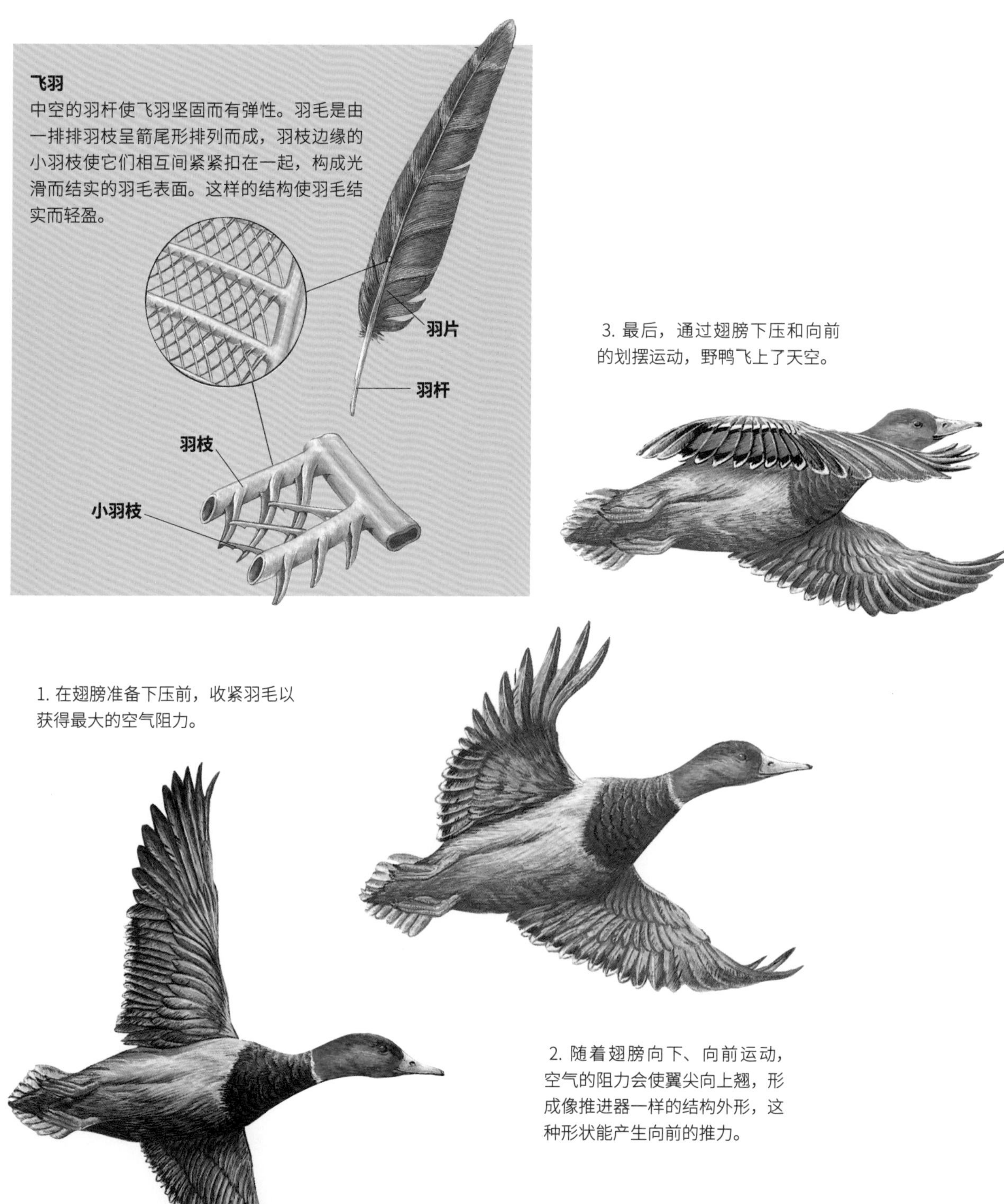

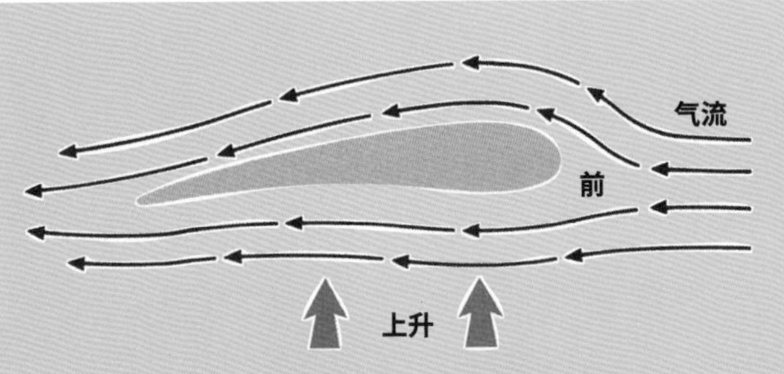

在空中

鸟儿的翅膀就像飞机的双翼——呈拱形而且前缘比后缘稍厚，所以从翅膀上方流过的空气要比从翅膀下方流过的空气速度更快，这就产生了把鸟儿托在空中的升力。

6. 翅膀向上迅速地一拍推动鸟儿前进，然后立即做好向下拍打的准备。

5. 翅膀在肩部的转动，增加了扑打翅膀的角度，保持空气对身体的托举力。

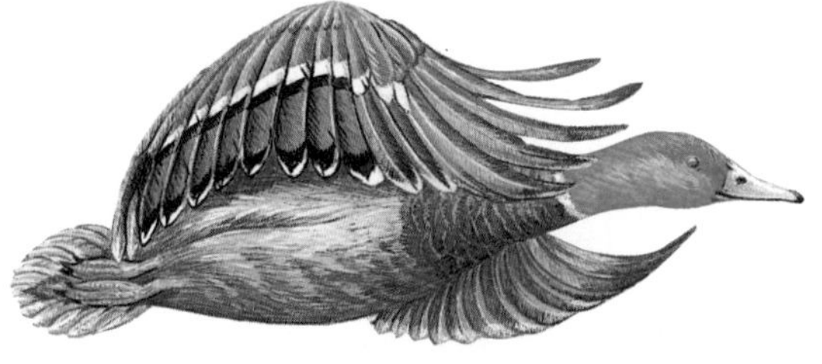

4. 翅膀上扬时，羽毛扭动打开，以让空气通过，减小风的阻力。

随气流高飞

1. 从太阳炙烤的地表升起温暖的气柱——上升暖气流，使翱翔的鸟类，如秃鹰，不花任何力气就能升到空中。
2. 刮向山岗、建筑物、悬崖绝壁的风产生向上的气流，它把鸟儿托向天空。
3. 有的海鸟会向下滑行长长的一段距离，然后突然扑进风里随风而起，增加的风速给它们下一次的滑行提供了动力。

◀ 蝙蝠翅膀的运动跟鸟类相似，但蝙蝠飞起来更敏捷灵巧，这只形体较大的蹄蝠正在准备捕获美味的晚餐——一只蛾子。

蝙蝠的翅膀

蝙蝠是唯一一种能够真正飞翔的哺乳动物。它们的翅膀是一层覆盖着皮肤的肌肉薄膜，延伸在前肢的4个指头之间。很多蝙蝠的后肢上也覆盖着这样的膜。蝙蝠飞行时，双翼有力地向下拍打，发达的胸肌为其提供动力。

蝙蝠的飞行

大多数蝙蝠比鸟类飞得慢，但是它们非常灵活，而且在空中的控制力很强，这对在晚间捕捉飞虫很有帮助，还能让它们飞过鸟儿无法通过的非常狭窄的裂缝。很多蝙蝠能轻盈地飞行，而另一些则擅长长距离飞行。

像鸟类一样，蝙蝠也需要高能量的食物为它们在飞行中不断拍打翅膀提供足够的能量。大多数种类的蝙蝠都以昆虫、花朵或水果为食。也有一些吃鱼、青蛙、老鼠和鸟类。还有一些吸其他动物的血。停止飞行时，它们的体温会下降，以保存能量。

▶ 一只雌性的茶隼在快着陆时伸展开尾部和翅膀。翅膀的前缘上，一簇簇的翅瓣向前打开，以减少速度较慢时气流的紊乱。

昆虫的飞行

与蝙蝠和鸟类不同，昆虫的翅膀本身就是为飞行而生的器官，而不是为了适应飞行才从四肢演化来的。大多数昆虫有两对翅膀，不过也有些只有一对。它们的翅膀是皮肤一样的组织构成的薄膜。上面的纹理起着加固作用。昆虫的翅膀不能再生。要是被撕破或者因为某种原因被损坏，昆虫就很难再飞行，也许很快就会死亡。

昆虫可以迅速地挥动翅膀，停留在空中。我们平常熟悉的蜜蜂和黄蜂的嗡嗡声就是它们的翅膀发出来的。飞行时，它们以每秒 200 次的速度上下挥动翅膀。苍蝇、蝴蝶、

▲ 一只雄豆娘拍打着 4 只翅膀，围着一只正在休息的雌豆娘盘旋。雄豆娘会用一种令人眼花缭乱的求爱舞蹈向雌豆娘展示翅膀的颜色。豆娘和蜻蜓都是靠发达的肌肉直接挥动翅膀的。

▲ 从一棵树飞到另一棵树不止有一种方式，一只南部的鼯鼠打开它斗篷般的翼膜，优美地滑向一根树枝，准备着陆。鼯鼠的一次滑行可以越过 10 米的距离。

大开眼界

有鳍类的飞行

短斧鱼是一种南美深色鱼类，在热带鱼水族馆里常常可以看见它们的身影。但是自然界中的短斧鱼有一种特殊的技能——飞行，它们并不只是滑行，实际上它们真的能够作短距离的飞行。它们的胸鳍很大，当它们迅速地扑打胸鳍时，就可以跃出水面。捕捉昆虫时，它们能飞过 5 米的距离。

蛾子和蜻蜓的飞行速度很快，还能够随心所欲地向前或往后，盘旋或转向，有的还能飞行很远的距离。

昆虫有发达的肌肉。一些比较高级的飞虫，如蜜蜂、苍蝇和蛾子，它们靠摆动身体来扑打翅膀；而另一些昆虫，如蜻蜓，它的翅膀是直接由肌肉控制的。

动物的冬眠

当寒冷的冬天到来，许多动物的生活都会变得艰难。为了躲避严寒的气候，一些鸟儿会迁徙到温暖的地方，而另外一些动物则通过冬眠来度过这个严酷的季节。

当严寒笼罩大地，冬眠的动物们就会躲进一个安全的藏身之地，进入睡眠状态。动物这种完全的静止状态是由于温度的降低、食物的匮乏，以及白昼的长短变化引起的。

冬眠是动物度过寒冬的一种方式，也是它们在食物匮乏时期的一种生存策略。冬眠之前，动物会迅速增加体重，增加体内的脂肪储备，以维持它们在熟睡状态中的能量供给。普通（淡褐色）睡鼠在冬眠时，体重可能会减轻一半。所以，它在蜷缩成一个肥胖的毛球开始睡觉前，会吃下大量的浆果、水果以及坚果。

在冬眠时，动物的体温会降到和周围环境差不多的程度，而且它们的身体功能，如呼吸、心跳和消化的速度，都会大大降低，只需要极少的能量就能存活。

轻度冬眠者

初秋时分，黑熊和棕熊就开始在巨大的岩石下和树根中寻找洞穴准备过冬。然后，它们在洞穴里定居，会睡上 4 ～ 7 个月，时间的长短根据气候的严寒程度而定。不过，它们是轻度冬眠者，并不会完全进入冬眠状态。它们的体温只会降低几度，而且不会低于 15℃。它们的心跳速度会减慢以保存有价值的能量，但如果被打扰，它们会很快醒过来。冬眠时，母熊甚至还可能在洞穴里产仔。幼仔靠母熊的皮毛取暖，并在母熊打盹的时候吃奶。直到春天，母熊才会进食和排泄。

▲ 每年 10 月，普通（淡褐色）睡鼠会在灌木丛底部枯死的落叶中，用干草筑巢。它的体温会降到 4℃左右，心跳会从每分钟 300 多次减慢到每分钟 10 次。它看起来像死了，但它的生物钟依旧在运转。睡鼠靠自己体内储存的脂肪度过冬天。

◀ 一头美洲黑熊在自己冬眠的洞穴中打盹。冬眠时，它可能会醒来，但它不吃不喝，直到春天来临。

深度冬眠者

土拨鼠、刺猬、睡鼠和地鼠都会熟睡，它们紧紧地闭着眼睛，蜷缩成一团。它们的体温差不多会降到0℃，肌肉变得很坚硬。它们体内储存的脂肪为身体的运转提供少量的必要能量。

在寒冬来临之前，北美和中欧的地鼠通过吃大量的种子和植物长胖。冬眠时，它们的心跳

▲ 温暖的春天到了，在加拿大曼尼托巴湖畔，上千条挤在一起冬眠的肉食束带蛇，正从地洞里钻出来。雄性的会首先钻出来，并急于寻找配偶交配。

▲ 一只雄性蛾子躲在隐蔽的山洞里冬眠，它身上闪耀着宝石般的光芒。

▲ 在北美的落基山上，当春天来临时，冬眠期间体重减轻了 1/4 的土拨鼠，津津有味地吃着鲜嫩的植物。

▲ 刺猬在用树叶筑成的巢中冬眠，它们可以每小时只呼吸一次。

会减慢到每分钟 4 次，而且几乎不呼吸。尽管使用了这些生存策略，却仍有 1/3 左右的成年地鼠会在冬天死去。

如果天气变暖，冬眠的动物就会从熟睡中早早醒来。如果天气变得寒冷，它们可能也会醒，并迫切地让自己暖和起来，避免被冻死。睡鼠和土拨鼠会提前储存一些坚果和种子，在它们醒来时，可以迅速补充体内的能量。酷寒一旦过去，它们又开始打盹。

在温带地区，寒冷的冬天意味着长耳的马蹄菊头蝠（翼手目假吸血蝠科，分布于中国的华东、华北、西南，欧洲大部分地区，高加索，小亚细亚，伊朗，北非）会贮藏昆虫作为食物。为了避免饿死，它们在山洞、被废弃的矿井和地窖中冬眠，依靠体内储存的脂肪生存。冬眠的蝙蝠有时会醒来喝水、吃食、小便，甚至交配。

混合型的冬眠者

哺乳动物可能是最为人熟知的冬眠者，但其他动物也会使用同样的生存策略。青蛙在池塘或水渠的水下冬眠，癞蛤蟆在岩石下寻找裂缝，花园中的蜗牛则在石头下紧紧地拥挤成一团。

蝰蛇通常在树根下的缝隙或洞中独自冬眠，有时也会在地下洞穴里成群地过冬。一些北美洲的响尾蛇也会成群地冬眠。大多数蝴蝶、蛾子和其他昆虫在冬天会变成卵、毛虫或静止的蛹。但蛾子的雄性成虫会在山洞中冬眠，雌性成虫则成群地聚在一起。

你知道吗？

晚安，弱夜鹰

我们可能都没听说过鸟儿会冬眠，但确实有一种鸟儿会冬眠，那就是生活在美国密西西比河以西的弱夜鹰。在寒冷的灌木丛林和牧场上，当昆虫变得稀少时，弱夜鹰就爬进一个隐蔽的洞里开始睡觉。在睡眠中，这种鸟儿的体温从 40℃降到 18℃，并且长达数月之久，直到它们体内储存的脂肪被慢慢消耗掉。美国亚利桑那州的印第安人称它们为“睡觉的鸟儿”。

夏天的睡眠者

当天气干燥炎热时，一些动物会进入一种静止的、像睡眠一样的状态，与冬眠相似，被称为动物的夏眠。例如，在干旱季节，湖水干涸，非洲肺鱼会在泥里挖洞，并用黏液将洞填满，只留下一个可供呼吸的孔。在干燥的泥土中，在自己的“茧”里，它们可以生存数月。蜗牛用干燥的黏液（它们体内分泌的一种胶质）把自己封闭在蜗壳中，静止不动，但蜗壳里面却是潮湿的。

南加利福尼亚的雄性地鼠会冬眠，但为了躲避夏天的干旱，它们也会夏眠。美国新泽西的灯蛾也以同样的方式来躲避夏天的酷热气候。它们储存能量并依靠体内的脂肪生存，直到天气转凉。然后它们交配并产卵，刚孵出的毛虫在冬天来临时冬眠。

昆虫建筑者

许多昆虫生活在露天环境里，靠身上的甲壳和它们能找到的临时隐蔽场所来保护自己。不过，有一些昆虫的建筑技巧很高，能够为自己修建可以长期居住的巢。这些巢，有的粗糙简单，有的堪称是经典杰作。

那些具有良好社会性的昆虫是最好的建筑师，如蚂蚁、黄蜂、蜜蜂和白蚁。它们能为自己所在的群体建造居所，它们在居所里存放食物，哺育幼虫。

在它们中，白蚁又可称为最好的建筑师。它们大多都会筑巢。这些巢的大小、外形各不相同。黄蜂和蜜蜂也是巧匠，它们建造六角形的蜂房来抚育幼虫。群居的黄蜂能够修建纸质的巢穴，这些巢穴有的悬挂在树枝上，有的隐藏在地下。蜜蜂在树洞和人造蜂箱里筑巢，这些蜂巢的结构极其漂亮，尤其是那些采蜜的蜜蜂，它们的蜂房都是用坚实的蜂蜡制作的，堪称是完美的蜂巢杰作！

石蚕蛾的幼虫为自己建造单独的小巢。它们先织成一个丝质外套，然后在上面粘上一些小碎片进行伪装并保护它们柔软的身体。这种巢是管状的，尾端填满了丝。幼虫依靠两个尾钩把自己固定在上面。结草虫的蛾子和幼虫在地面筑巢，它们也修建类似的巢。雌性成虫不会飞，无法离开它的巢，它必须等雄性成虫找到它，完成交配，然后产卵死去。

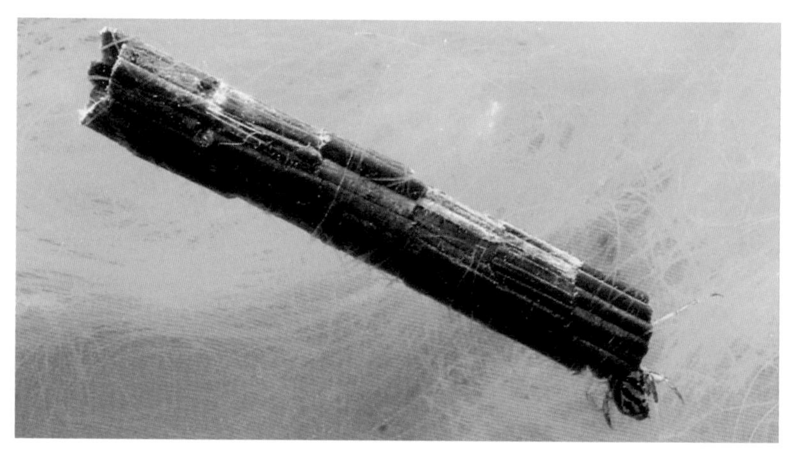

◀ 这是石蚕蛾幼虫建的巢，它是由被切割下来的植物所构成的六个环状物体组成的。当幼虫长大一些后，它会在巢穴的前方添加越来越多的植物叶子。还有的石蚕蛾幼虫用石头、小树枝甚至贝壳筑巢。

▲ 引人注目的白蚁的“蚁丘”是澳大利亚北部地区的一道泥塑风景。“蚁丘”的外墙是一个岩石般坚硬的泥土窑洞，里面则是一个由走廊和房间构成的地下城市。

建筑材料

昆虫们的身上具备筑巢所需的工具——嘴、触须和腿。但它们筑巢时，也要用天然材料。这些材料或者是它们自己生产出来的，或者是它们从外界找到的。

蜡：工蜂通过腹部的腺体分泌蜂蜡，并用它们制造蜂巢。

纸：许多黄蜂会刮木头或其他植物材料，用唾液混合，制成一种纸浆。纸浆干燥后就成了一种纸。

泥土：白蚁的工蚁用唾液将土壤和粪便混合来制造泥土。这种泥土干燥后，像砖石

大开眼界

挡住推土机

白蚁虽然微小，但它们建造的“蚁丘”却大而坚固。一群在扎伊尔修铁路的工人就遇到了这一情况。他们在修路时，被一堆白蚁的“蚁丘”挡住了，甚至连推土机都无法推动它们。最后，铁路工人不得不用炸药把它们炸掉。

不过，食蚁兽、穿山甲（一种有鳞的食蚁动物）、懒熊、土豚的脚爪都强劲有力，适合挖洞。它们有的能用爪子挖开坚固的“蚁丘”。白蚁最凶恶的敌人是行军蚁，它们一旦进入蚁巢，就会大量屠杀白蚁。

一样坚硬。

碎石和茅草：石蚕蛾的幼虫用它们触手可及的任何东西来建巢，如沙子、石头、植物、小树枝等，甚至还有蜗牛壳。结草虫的蛾子和幼虫用小树枝和树叶来建造防身之所。

纺织品：雌性的有壳蠹虫（蛀蚀衣服的）把卵产在毛皮或毛织品里。幼虫孵化出来后，用这些毛皮或毛织品中的纤维建巢。进食的时候，它们把“巢”拖在自己身后，一有危险就躲进去。桑蚕蛾的幼虫会用一根1000多米长的丝线织一个肥胖的茧。

胶：澳大利亚的一种会编织的蚂蚁把树叶粘在一起制造隐蔽场所。一些工蚁会把两片树叶的边缘粘在一起，其他工蚁则通过挤压它们的幼虫来获得黏性的丝质黏合剂，就像从胶水管中挤出胶水一样。这种丝质黏合剂具有很好的黏合效果。

蚁丘

一些品种古老的白蚁在枯木里建造自己的隧道网络。其他白蚁则在宏伟的土丘下面建造复杂的“指挥部”。这些屋子有的高达8米。它们有高高的堡垒式、尖塔式，还有在热带树木里建造的如篮球大小的球状巢穴。塔状巢穴有层叠的“蘑菇帽”，可以帮它们遮挡雨水。

白蚁巢穴的外层就像岩石一样坚硬。许多蚁丘坚固得足以承受野兽的袭击，如狂暴的美洲野牛。不过，这种坚固的蚁丘却不能对付行军蚁——它们是白蚁恐怖的死敌。

蚁巢的内部是一个由隧道和房间构成的迷宫。巢穴的中心是蚁王和蚁后的住所，卵和幼虫被保存在特殊的托儿所里，其他的区域则用来存放干燥的植物、养殖真菌。

如果蚁巢太热或太冷，尊贵的蚁王和蚁后就有危险；如果蚁巢太潮湿，贮藏的食物就会坏掉。与众不同的澳大利亚白蚁会建造宽大的、侧面平坦的金字塔形蚁巢，这样就可以让蚁巢拥有早上和傍晚的阳光，并避开正午灼热的太阳。其他种类的白蚁则建造中空的堡垒和烟囱以及凉爽的地窖，通过这些措施来调节蚁巢里面的气候环境。

纸质的黄蜂宫殿

黄蜂的蜂巢有不同的尺寸和各种各样奇特的形状。它们有的是露天蜂巢，悬挂在树枝上；有的能耐风雨。这些蜂巢被包裹在一层层的纸里，形状各异，如多刺的球状、铃铛状或豆荚状。普通黄蜂的纸质蜂巢的周长可达1米，生活在树上的黄蜂的蜂巢有的只有一个小球般大小。这些蜂巢的入口处常常开在底部，这样可以避免雨水流进去。

羊皮纸帐篷

普通黄蜂用纸制作巢穴，它们建巢的技巧和许多其他种类的黄蜂一样。蜂王先制作几个蜂房，然后由其他工蜂继续筑巢。它们建造多层的蜂房，并用纸包起来，使之绝缘。工蜂们用触须来判断蜂房墙壁的角度和厚度。

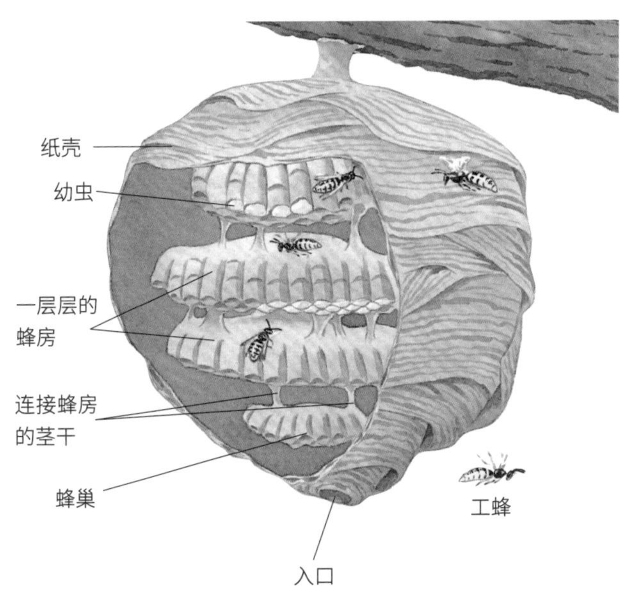

◀ 黄蜂的巢穴有各种各样的形状，有的如花瓶，有的像铃铛，还有的如巨大的七叶树的果实。这种黄蜂的巢穴，看起来就像是一个古老的亚述人脸上长的胡子。

内部结构

白蚁，如非洲大白蚁，是用泥土制模的专家。它们那高耸的堡垒，是一个由隧道和房间构成的迷宫。在巢穴中部最好的房间里，住着高贵的蚁王和蚁后。隧道连接各个房间，这其中有卵和幼虫的房间，还有食品仓库和专用的菌类种植园。

外墙

食品仓库
干燥的植物性食品被贮藏在专门挖好的房间里。

蘑菇房
蚁巢中有一部分是专门用来培植菌类的。菌类的生长可以分解树木和树叶，使之更容易被白蚁消化。

地窖
地窖中的冷空气进入巢内，变热后上升进入烟囱排放出去。穿过巢穴的气流可以降低巢内的温度。

托儿所
白蚁的卵和幼虫在孵化室里受到了精心的照顾。

顶层

产热中心
“蚁丘”里的烟囱可以调节蚁巢内部的气候环境。

中央烟囱

旁边的烟囱

通往食物来源地点的寻食隧道。

巢穴的基础

蚁王的房间
蚁王和蚁后住在巢穴中央的房里，工蚁照料它们的生活起居，兵蚁保护它们。

巢穴的支柱

壶状蜂巢

黄蜂是独立的陶匠，它们能够制作独特的如壶罐状的巢穴，并常常把巢建在石楠的嫩枝上。这个泥土罐既是托儿所，也是食品贮藏室。雌性黄蜂在这里产卵，然后把被麻痹的毛虫放在里面作为食物。幼虫从卵里孵化出来，就以贮藏在罐子中的毛虫为食发育长大。

坚实的巢
雌性黄蜂用小泥球儿来建造它的巢穴。它用唾液混合泥土，把泥土做成空心球形，然后在顶上做一个狭窄的罐颈，并留下一个小开口。巢筑好后，看起来就像一个微型的希腊花瓶。

储存食物
巢制作完成后，黄蜂就离开巢去捕捉毛虫。它先把毛虫麻痹，然后通过巢穴的开口把毛虫塞进去。因为巢穴的开口太小，所以黄蜂无法进去。

幼虫的食品仓库
雌性黄蜂产下一枚卵，用线挂在巢穴里，用一个泥球儿封上巢穴的开口，然后离开再建一个新巢。

多功能蜂房

蜜蜂的巢穴是由蜂蜡构成的，每间蜂房都有不同的用途。一些蜂房用来装花蜜和唾液。当蜂蜡制成的盖子盖上蜂房后，这些液体就会转化为蜂蜜。其他的密封蜂房则装着一些花粉作为食物储备。蜂王在一些空蜂房里产卵，然后把卵孵化成幼虫。长大的幼虫会被蜂蜡密封，它们就成了蛹。正在发育的蜂王住在那些特别大的蜂房里，它们通常在蜂巢的边上。工蜂们不断用它们的触须来测量这些蜡质墙壁，所以蜂房的墙壁厚度都是一致的。蜂房的角度也非常准确，因为工蜂能够用它们身上特殊的有感觉的绒毛来测量角度。蜜蜂还可以用它们的前脚来判断每间蜂房的宽度。

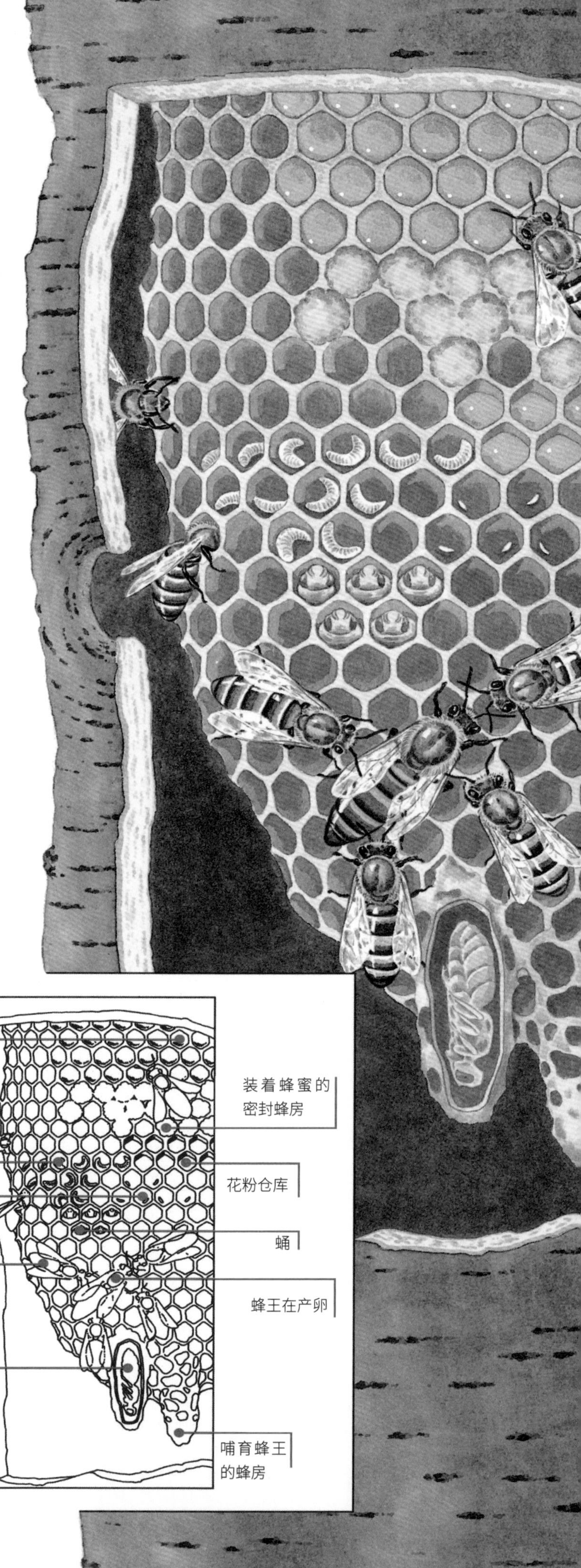

黄蜂最典型的蜂巢是一个纸质的球体。内部的蜂房全是六角形的，与蜜蜂的蜂房类似，不过它们都是水平悬挂的。黄蜂的蜂巢不会用来贮藏食物，这些蜂巢正面朝下，里面只有正在成长的幼虫。随着蜂巢的壮大，会增加越来越多的蜂房，这些蜂房都是有层次的，每层的隔板都是用纸质的茎干和上一层相连。

蜜蜂几何学

这个蜡质蜂房是大黄蜂的蜂王在空老鼠洞里建造的，十分肮脏、零乱。这个建筑物是由一个或多个蜡质蜂巢组成的，它悬挂于一个隐蔽之处。这个隐蔽之处可以是一个树洞，也可以是一个人造蜂箱。蜂巢是由一个个紧挨着的六角形的蜡质蜂房构成的，这些蜂房是工蜂逐个建造的。蜂巢垂直悬挂，但为了避免里面贮藏的珍贵蜂蜜流出来，每间蜂房的开口都要朝上。

动物的睡眠

马儿站着睡觉，雨燕在飞行中睡觉，鱼儿睁着眼睛睡觉。但是，没有人明确地知道动物为什么睡觉。不过有一点可以肯定，它们大部分时间都在睡觉（打盹），而且睡觉（打盹）的方式也多种多样。

睡眠是动物行为中最神秘的事情之一。它可能是动物准备战斗、清醒大脑、放松身体的一种方式。但是，科学家们并不能明确地知道动物是如何睡眠的。当寻找食物变得困难，被天敌捕获的概率也很高时，睡眠就可能是动物用来储存能量的一种方式（要么在夜晚，要么在白天）。

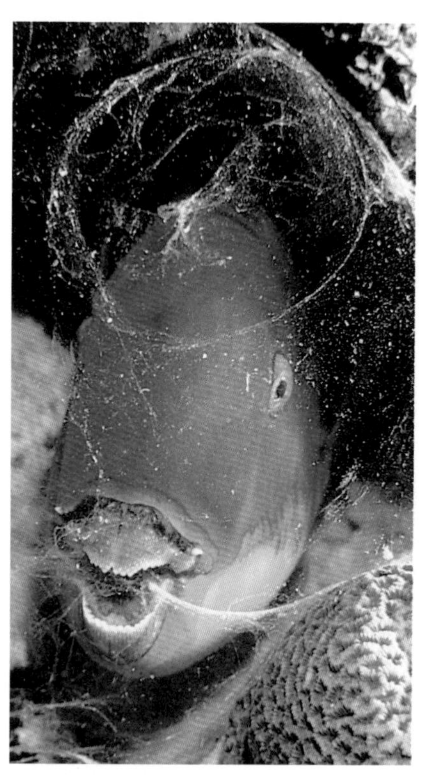

▲ 这条鹦鹉鱼筑了一个黏黏的"黏液睡袋"。"黏液睡袋"上只留了一个小洞供呼吸。这种"黏液睡袋"能防止鹦鹉鱼在睡眠时，呼出的气被水流漂送到海鳗和其他深海捕食者身边，从而避免被猎食。

对大多数动物而言，打盹似乎就是把感官关闭，斩断自己和外界的联系。一些动物的睡眠时间比别的动物多，如成人每晚睡 8 小时——我们一生中 1/3 的时间都在睡觉。可是与树懒和犰狳相比，这根本就不算什么，它们一天能睡 20 小时。马儿可以只睡 5 小时。

动物在睡眠上用多少时间，都是有原因的。例如，树袋熊每天能睡 18 小时，因为它们吃的是低能量的桉树叶，这使得它们没法过一种活跃的生活。刚出生的婴儿每天需要睡 20 小时，动物的幼仔也总是比它们的父母睡得更多。因为小生命需要休息，大脑需要时间对大量信息和新的经验进行吸收与选择。

动物每天睡觉的时间也不同。那些白天活跃、夜晚休息的动物被称为昼行动物；那些夜晚活跃、白天休息的动物被称为夜行动物。但是，还有一些动物的行为受潮汐节制，而不是受太阳控制。在低潮时，涉禽在海岸的泥沙中搜寻食物，在高潮时睡觉，不论白天还是夜晚。

▲ 当火烈鸟用一条腿站着睡觉时，眼睛大约会眨40次。有时，它们还会睁着一只眼睛睡觉，以防危险。

这头雌性的山地大猩猩正在卢旺达的高地上打盹。有一些大猩猩会在树上筑巢睡觉，但是年纪较长的雄性大猩猩却因为身子太重，爬不上树，它们只好在树下睡觉。

大开眼界

头朝下

东南亚的蓝冠短尾鹦鹉是一种奇怪的鸟儿。夜晚，它会找到一根安全的栖木，并采用一种古怪的姿势睡觉。它的身子颠倒着悬挂在栖木上。这可能是一种不同寻常的伪装方式。因为，在这种姿势下，蓝冠短尾鹦鹉看上去像一片花瓣或一片树叶，而不像一只鸟。

平静的睡眠

许多在睡眠中的动物都面临被天敌捕食的危险。

许多动物为了避免危险在树上睡觉，这样，地面上的捕食者就够不着它们；或者像土狼和海岛猫鼬（一种猫鼬）一样，它们躲藏在裂缝、地洞、洞穴里打盹。

一些夜行动物在白天打盹时，依靠伪装保护自己。例如，猫头鹰的羽毛色彩单调、有褐斑、像树皮一样，能帮助它们很好地躲藏在树上。

世界上数量最多的鸟儿是非洲的红嘴奎利亚雀。夜晚，一大群的鸟儿聚集在一起，在树上栖息，靠数量来获得安全。白天，印度狐蝠（果蝠）也成群栖息在一起。年纪较长的雄性蝙蝠则会在旁边站岗，小心谨慎地防备蛇等危险动物。

生活在非洲草地上的羚羊是许多捕食者喜欢的猎物，因此，它们几乎没有什么时间睡觉。但是它

▲ 正在睡觉的跳鼠笨拙地蹲着，这是为了使它们的足适应狭窄的洞穴。夜里，它们在干旱的南非草地上跳来跳去。炎热的白天，它们躲在地下睡觉。

▲ 狮子大多数时间都懒洋洋的，尤其是在饱餐之后。这也是它们早晨吃了斑马或角马之后，最好的一种消化方式。它们会把体内的能量储存起来，直到下一次捕到猎物。

们又必须睡觉，因此很多羚羊每晚只能睡几小时。狮子和其他大型捕食者不易受到攻击，它们可以冒险睡更长的时间。

大象几乎没有天敌。所以，人们误以为它们会长时间安静地睡觉。然而，当大象躺下时，巨大的重量却会伤害它们的内部器官，因此，这种庞然大物每晚最多只能睡两个半小时。

像臭虫一样睡觉

动物会用各种方法来确保自己睡得舒服。例如，欧洲獾会在它睡觉的地方铺上干草，还会定期更换草垫。

在夜里，鸟儿会使羽毛蓬松起来，让里面有一层可以和外界绝缘的暖空气，从而保持体温。知更鸟把头塞到翅膀下，长尾山雀和戴菊莺会成群蜷缩在一起，从而保持体温。

中非的筑帐蝠（尾皮蝠）会把一大片叶子卷成像帐篷一样的形状，然后一起挤在这顶“帐篷”下睡觉。

动物的迁徙

到了秋天，燕子就会飞向南方。许多动物都会远行，从一群群充满活力的角马和成群飞舞的蝴蝶，到独处的海龟和寂寞的山猫，它们都会迁徙。

动物真正的迁徙一定会远离它们的日常生活空间，并踏上一次性旅途（迁徙之后不再返回）或者固定的迁徙路线（随着季节变换，动物会在这条线路上来回往返）。如果动物在自己的领地内移动，就不是迁徙。

有时候，由于居住环境过度拥挤、食物短缺以及恶劣的气候变得异常艰难，动物们也会被

▲ 角马正在从坦桑尼亚的塞伦盖蒂大草原，向北朝着肯尼亚的马赛马拉林地迁徙。它们在马拉松似的“行军”途中，会经过马拉河。其中，成百上千的角马要么淹死在这条河中，要么死于鳄鱼的进攻。

迫迁徙。但是，作为一种必然，许多动物都会在每一年的固定时间，沿着固定路线迁徙。不管哪种迁徙方式，都是一种生存策略，都是为了满足动物对食物的需求、繁殖以及对生活环境的需要。

为什么要迁徙

在自然界中，动物的迁徙都是为了避免由于恶劣的气候导致食物短缺，尤其是在冬天。旱季的时候，食物也可能匮乏，因此，角马才会远行，寻找更好的草地。同时，一些斑鬣狗也会尾随成群的角马迁徙，因为这样才能保证它们也拥有足够的食物。在同一个季节里，北极狼也会尾随北美驯鹿迁徙。

有的动物迁徙是为了繁殖和养育幼仔。例如，海龟从开阔的洋流中迁徙到温暖的沙岸上下蛋，因为暖和的沙岸有助于蛋的孵化。为了能够在条件适宜的池塘中受精，青蛙和蟾蜍通常会在陆地上行走很长的距离。

埃利诺拉猎鹰会计算自己的生殖时间，当成群的小鸟在每年的八九月间飞越欧洲时，它们的雏鹰才能获得足够的食物。冬天，这种猎鹰也会迁徙到马达加斯加岛上去。

在东非，成群的角马会在雨季时抵达塞伦盖蒂大草原的东南草地，并于每年一月底至三月中旬在此生育。在旱季来临之时，它们会迁徙到更为湿润的灌木丛林地带，然后再随着气候的变化向北迁徙。在数月的时间里，它们都会不断进食。它们会在返“乡”之前交配，这样，雌性角马就能在最好的时间，在最好的地方产下幼仔。季节性迁徙是一种最普通的迁徙方式。动物们在不同的时间从一个地方迁徙到另一个地方，并在不同的时间里分别返回。例如，燕子会在非洲或者中、南美洲过冬，夏天的时候再返回欧洲或者北美洲。

进食和繁殖

在特殊的季节里，在食物充足的环境中，迁徙的动物是最大的受益者。迁徙还能减少动物对领地和食物的竞争。

每年夏天，上百万的鸭、大雁、涉禽和鸣禽，为了生殖都会朝北迁徙。此时，北方地区有大量的昆虫，而且白昼长，它们有充足的时间喂养幼禽。当白昼日渐变短、变冷，它们就会朝南迁徙到较温暖的地区，在这些地方，仍然有大量昆虫活跃着。

秋天和春天，白昼的长短变化也会促使鸟儿体内的化学物质（荷尔蒙）发生变化。它们会大量进食，并将大量脂肪储存在体内，这样才有足够的能力迁徙。

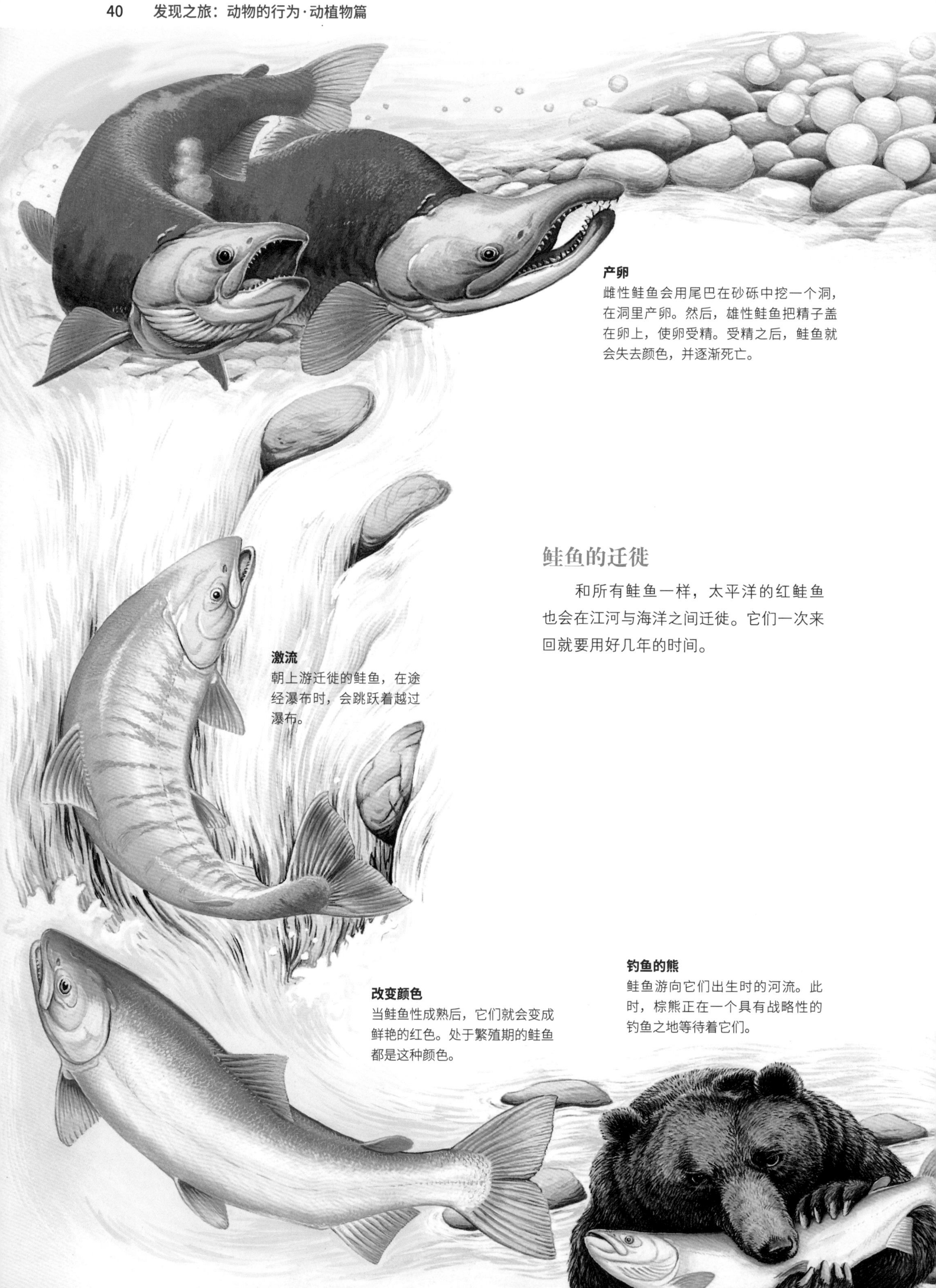

产卵
雌性鲑鱼会用尾巴在砂砾中挖一个洞，在洞里产卵。然后，雄性鲑鱼把精子盖在卵上，使卵受精。受精之后，鲑鱼就会失去颜色，并逐渐死亡。

鲑鱼的迁徙

和所有鲑鱼一样，太平洋的红鲑鱼也会在江河与海洋之间迁徙。它们一次来回就要用好几年的时间。

激流
朝上游迁徙的鲑鱼，在途经瀑布时，会跳跃着越过瀑布。

改变颜色
当鲑鱼性成熟后，它们就会变成鲜艳的红色。处于繁殖期的鲑鱼都是这种颜色。

钓鱼的熊
鲑鱼游向它们出生时的河流。此时，棕熊正在一个具有战略性的钓鱼之地等待着它们。

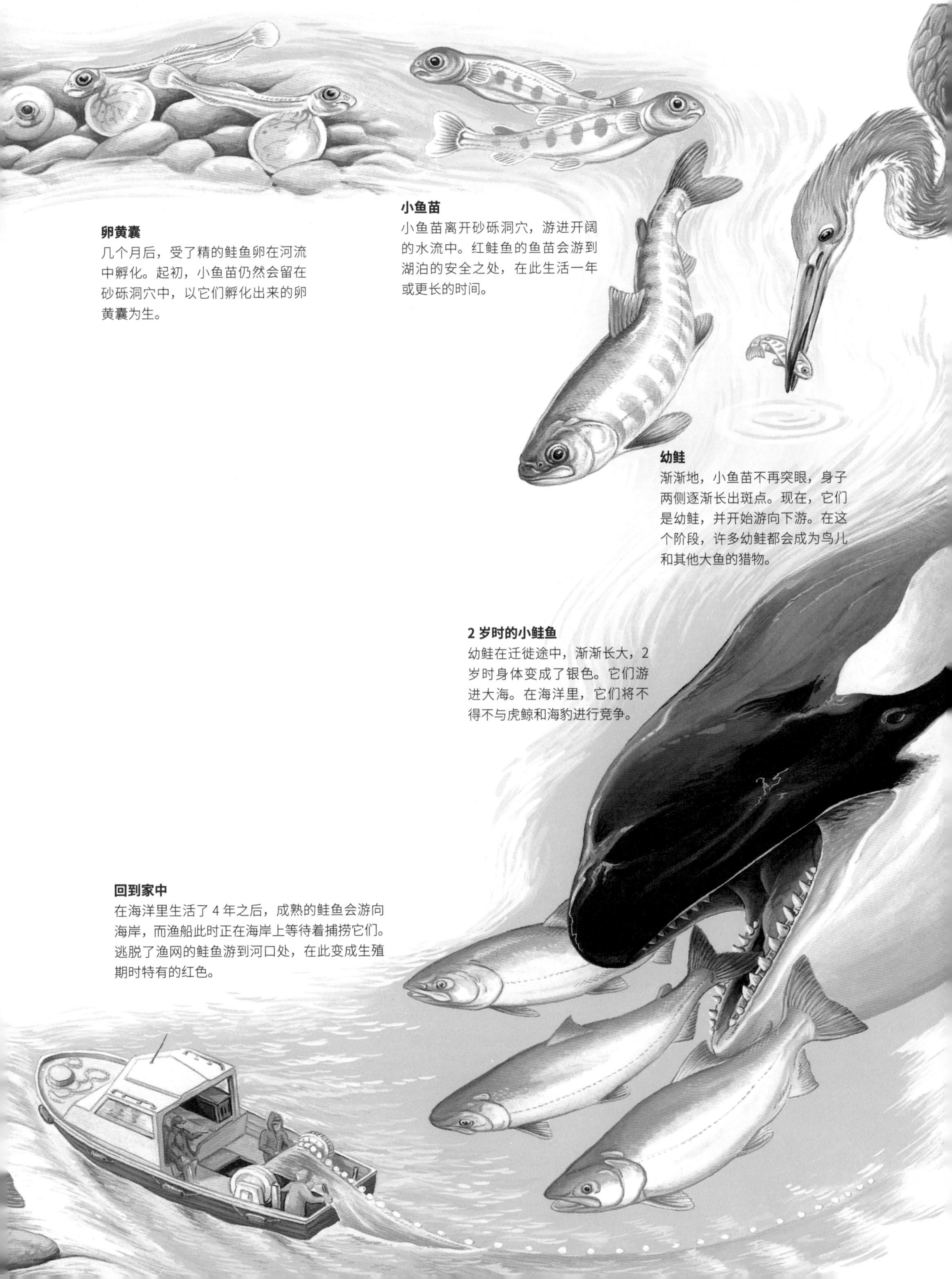

卵黄囊

几个月后，受了精的鲑鱼卵在河流中孵化。起初，小鱼苗仍然会留在砂砾洞穴中，以它们孵化出来的卵黄囊为生。

小鱼苗

小鱼苗离开砂砾洞穴，游进开阔的水流中。红鲑鱼的鱼苗会游到湖泊的安全之处，在此生活一年或更长的时间。

幼鲑

渐渐地，小鱼苗不再突眼，身子两侧逐渐长出斑点。现在，它们是幼鲑，并开始游向下游。在这个阶段，许多幼鲑都会成为鸟儿和其他大鱼的猎物。

2 岁时的小鲑鱼

幼鲑在迁徙途中，渐渐长大，2 岁时身体变成了银色。它们游进大海。在海洋里，它们将不得不与虎鲸和海豹进行竞争。

回到家中

在海洋里生活了 4 年之后，成熟的鲑鱼会游向海岸，而渔船此时正在海岸上等待着捕捞它们。逃脱了渔网的鲑鱼游到河口处，在此变成生殖期时特有的红色。

迁徙之路

动物们可以在空中、陆地上以及海洋中迁徙。它们的迁徙之路或长或短。这里列举了一些有名的迁徙动物。

飞行冠军

北极燕鸥是长途迁徙的冠军，它一口气能飞 18000 千米。

帝王蝶

每年，成群的帝王蝶会从北美大湖区迁徙到 3000 千米远的墨西哥过冬。

寻找食物

食物短缺会迫使一些黑熊离开自己的家园。小黑熊迁徙是为了寻找新的领地。

角马的旅行

在旱季里，成群的角马大约会迁徙 1500 千米的距离。

驼背鲸

冬天，驼背鲸为了能到热带海域中繁殖，通常要游数千英里，然后再返回磷虾丰富的南方海洋。

远程旅行的北海狮

北海狮不惜游 5000 千米，前往陆地上的生殖之地。当它们将幼仔抚养长大后，又会返回开阔的海洋中。

▼ 一群大螯虾在海床上排成纵队，朝着深水中安全的地方前行，躲避冬天的凛冽严寒。

▲ 数百万的美洲野牛曾经生活在北美草地上。秋天，庞大的野牛群会沿着古老的迁徙之路朝南迁徙。

▲ 一条孤独的狼正仰天咆哮，宣告自己对领地的占有。小狼必须离开父母的家园，在另一个地方开始新的生活。在找到一处新的地方并建立起自己的领地之前，它们可能会闲逛好几个月。

许多鲸在食物丰富的北极地区进食，但是它们会游到温暖的热带海域中繁殖。尽管热带海域中的食物不及北极地区丰盛，但它们的幼仔在这里拥有更好的生存机会。在头几个月里，幼仔靠母亲的奶水生活，但母亲此时却停止进食，直到返回寒冷的北极地区。

在季节性迁徙中，动物们并不总是从北方迁到南方。大西洋中的鲑鱼从东向西迁徙。生活在北欧的小型啮齿动物——挪威的旅鼠，在山脚与山顶之间来回迁徙。夏天，它们生活在高山草甸上；冬天，它们就寻找气候温和的石南丛林。每隔几年，旅鼠的数量就会大增，大多数旅鼠都会长途跋涉，寻找不拥挤的地方过冬。在它们的旅途中，会穿越河流、高山，甚至还可能遇到大海，它们通常都会被淹死在海水里。

像瓢虫和一些臭虫这样的小型动物，迁徙的路程相对较短。冬天，它们迁徙到冬眠的地方；春天，它们再返回自己的老巢。

蝴蝶通常在夏、冬时分迁徙，但每只蝴蝶都只有一张“单程票”。例如春天，赤蛱蝶从地中海地区飞到英国，在荨麻丛中产卵，等冬天一来就死去。然后，它们的后代飞回地中海地区，产卵，再死去。次年春天，在地中海出生的蝴蝶，又飞向英国。

但是，在迁徙的物种中，并非所有的个体都会迁徙。例如，被引进到夏威夷的帝王蝶就不会迁徙。可是，澳洲帝王蝶却会在冬季朝北迁徙，在春、夏时节朝南迁徙。

单程旅途

有些动物的迁徙是单程的，它们永远不会返回。这种迁徙通常是动物建立新家园，或者拓殖新领地的一种方式。

数百只小蚂蚁通常都是一起孵化出来的，为了避免竞争，它们需要疏散——寻找各自的生存之地。它们会爬到植物或其他物体顶上，吐丝并让风带走。小蜘蛛附着在蛛丝上，像气球一样随风飘荡，最后，小蜘蛛会裹着蛛丝在新的地方“登陆”。

南美的行军蚁一旦离开巢穴，成千上万只蚂蚁就会一起迁移。它们携带着卵、蛹，在临时巢穴中寄居，直到找到新家园。

黑熊和大灰狼的幼仔会不远千里，寻找适宜的地方建立领地，然后寻找配偶并定居下来。

饥饿的迁徙者

像狼、熊和猞猁这样的食肉动物，有时会因饥饿而被迫迁徙。例如，在某些年份里，雪鞋兔的数量非常少，以雪鞋兔为食的加拿大猞猁，就会朝南迁徙，进入美国北部地区觅食。在干旱之后，浆果稀少，黑熊为了觅食，也会迁徙到距离家园200多千米的远方。这些因饥饿而被迫迁徙的动物，通常会在危机之后返回。

寻找道路

在迁徙中，最为神秘的是：动物究竟是如何找到路径的？在鸟儿、海豚、蜜蜂的大脑里，都有像微型指南针一样的磁性粒子。此外，鸟儿在白天还能靠太阳导航，在夜晚还能靠星星识别方向。它们甚至还能辨别山脉和河流这样的陆标。

鲑鱼能够记住家乡河流的气味和味道，并能据此溯流而上，回到它们的出生之地。海龟的迁徙路线并不是固定的——从进食之地到筑巢的海岸，每只海龟都有自己的路线，但是却没有人知道它们是如何找到这些路线的。

动物使用工具

大多数野生动物都是通过与生俱来的身体各部分的组成而生活。但是可以抓握的动物却通过使用一系列工具而促进了自身的进化。这些工具包括用树枝做的简陋的长柄耙、鼓槌、画笔、胡桃钳等。

动物们在野外使用的工具大多是木棍和石头——要知道，在丛林里，根本就没有那种刀刃锋利、使用便利的瑞士军刀。但是，动物们以各种灵巧的方式来使用这些工具，它们通常都是为了获取食物。

一些动物使用工具是出自本能，而猿则是通过无数次尝试和犯错，才逐渐发现了使用工具的好处。黑猩猩甚至在使用工具方面显示出一定的智力。例如，当它们被关在笼子里时，可以通过模仿学会用钥匙打开笼子门以及使用铁锤和其他工具。它们甚至还能想出把木棍接在一起去够远处的物体，或者把箱子叠放在一起爬上去抓取，尽管它们从来没见过谁这么做过。

◀ 用木棍蘸食蚂蚁和白蚁是一项后天学会的技能。小黑猩猩很可能是通过观察父母的行为学会了怎么做，不过在它们4岁时，就已经能够熟练使用工具了。

非洲的野生黑猩猩寻找它们喜爱的食物——白蚁和蚂蚁时，也表现出和笼子中的黑猩猩对环境同样的适应性。它们用的工具是经过改造的木棍，黑猩猩就把这种木棍伸进白蚁或蚂蚁洞里掏寻食物。当它们把木棍从洞里取出来后，木棍上就爬满了黑猩猩喜欢吃的小昆虫。黑猩猩会把树枝制成自己想要的形状，它会按自己需要的长度砍削树枝，把多余的侧枝都除掉。有时，为了找到合适的工具，它们甚至还会前往更远的地方。

锤子和砧石

黑猩猩也喜欢吃坚果，但是它们发现坚果的硬壳不容易对付。于是，它们用石块将坚果的硬壳砸开，获取里面甜甜的果仁。石块就成了敲砸坚果的“锤子”。

黑猩猩并不是唯一使用工具的哺乳动物。一些食肉动物，如猫鼬，它们会把其他动物的蛋拿到石块上敲击，把蛋壳砸开，吸食里面的美味物质。这是一种间接使用工具的方式，这时，石块就成了粗糙、现成的“砧石”。

北太平洋的海獭使用工具的技能更为复杂。它们喜欢吃海味食物，靠鲍鱼、贻贝和蛤为生。不过，鲍鱼、贻贝和蛤都是狡猾的贝类动物，海獭的牙齿无法咬碎它们，所以必须借助工具来完成这项工作。

饥饿的海獭游到海底，抓住贝类动物，同时捡起一块石头。然后它游回海水表面，仰浮着，把猎物放在胸前，用石头敲击，直到把壳敲碎，露出美味的肉。有时，它会在胸前放一块又大又平的石头作为砧石，然后把贝类猎物往石头上敲。不管怎样，海獭都表现出一种灵巧的敲砸贝类动物和使用工具的技巧。当它再次潜入水中寻找猎物时，就会把手边的锤子夹在腋窝下面。

◀ 这只长着胡须的海獭，正把有硬壳的蛤放在自己胸前的扁平石头上使劲敲砸。这块石头像砧石，使蛤的硬壳容易被击碎。在另一些地方，海獭并不使用工具，因为这些地方的贝类动物的壳相对较软，不需要借助工具就能打开。

鸟类的大脑

▲ 这只歌鸠正在猛敲一个空蜗牛壳，它通常会把里面有肉的蜗牛壳打碎，但这次它好像没有意识到这个蜗牛壳是空的。歌鸠敲击蜗牛壳时，使用的“砧骨”很容易找到，这种工具通常都是散落在它们四周的破碎的蜗牛壳。

使用工具在鸟类中尤其普遍。在加拉帕戈斯群岛上有一种啄木雀（达尔文地雀），它们与啄木鸟一样吃寄居在树木中的幼虫。可是，它们的舌头不长，不能像真正的啄木鸟那样把舌头伸进树洞将幼虫掏出来。于是，它们便会用喙叼起一根小树枝或仙人掌的刺，伸进可能有小虫的树缝或小树洞中。当它们刺到幼虫后，就把幼虫拖出来马上吞食掉。

在欧洲的很多花园中，还有一种名叫歌鸠的鸟，它们也会使用砧石。它们喜欢吃蜗牛，但在吃蜗牛肉前需要先把蜗牛壳砸开。于是，它们便把蜗牛拿到石块上去敲砸。

人们还见到其他一些鸟也用同样的方式敲砸食物的硬壳，如海鸥和乌鸦，它们有时会从高空中将贝类动物和蛋扔到石头上砸开。

你知道吗？

多刺的食品库

伯劳鸟被人们称为“屠夫鸟”是有原因的。它有一种恐怖的习性，就是把猎物挂在荆棘上或挂在多刺的金属丝上。伯劳鸟会建造一个令人毛骨悚然的仓库，用来储存食物，里面有甲虫、蜜蜂，甚至还有幼鸟、蜥蜴和青蛙。在食物匮乏的时期，这个食品仓库可以保证它们有充足的食物。不过，伯劳鸟通常都吃不完这些食物，大多数食物都会腐烂掉。

▲ 这只啄木雀正衔着一根仙人掌的刺探进树洞里找虫子，这种鸟儿会咬下树枝，并把树枝修整成恰当的尺寸，然后在树皮下或者树缝中找虫子吃。

▲ 这对埃及秃鹫正试着用石头砸开一枚鸵鸟蛋。它们常常会错过目标，通常要试好几次才能吃到里面的美味。

更狡猾的是埃及秃鹫。它们非常喜欢吃动物的蛋。为了吃到蛋壳里的东西，它们先用喙把蛋衔起来，再把蛋扔到地上摔碎。但是当它们遇到巨大的鸵鸟蛋时，就不能再用这种办法了，因为鸵鸟蛋太大了，它们衔不起来，而且鸵鸟蛋壳太厚了，它们也无法把它砸碎。这时，埃及秃鹫就会改变策略。它们先力尽所能地用喙衔起一块最大的石头，然后昂起头，将石头朝鸵鸟蛋扔过去。它通常需要扔好几次石头，才能把鸵鸟的蛋壳砸开。

用来工作的工具

在动物世界中，大多数工具都用来取食，但有时也有别的用途。猩猩、熊和大象会用木棍在它们身上够不着的地方搔痒。黑猩猩会摇晃着折断的树枝相互恐吓，甚至还会用石头作为武器。

▲ 试着放松吧——这头铁锈色的美洲黑熊正弯曲着一根小树苗为自己搔背。身上发痒的大象会用长鼻子卷起木棍，马儿也会使用树枝做成的长柄耙。它们利用这些工具来挠自己难以碰到的身体部位。

用假蝇钓鱼的苍鹭

绿苍鹭和其他一些生活在湿地中的鸟儿，通常会用一些小东西来当鱼的诱饵。苍鹭把羽毛或者其他能漂浮的物体放在水面上。鱼儿往往会被这些东西吸引，并且游过来，进入苍鹭的视野中。于是，苍鹭就会很容易地用那像短剑一样的喙，把它们抓住并吞咽下去。

许多鸣禽有时会有一种非同寻常的行为，那就是把蚂蚁蓄于自己的羽间。松鸦在地上摆出一种奇特的姿势，平展翅膀，让工蚁爬满它的羽毛。还有一些鸟儿甚至把蚂蚁当成活的工具使用。例如苍头燕雀，它每次用喙衔起一只蚂蚁，并用蚂蚁涂擦全身羽毛；八哥则会每次衔一口蚂蚁。它们只选择那种能够产生蚁酸的蚂蚁，利用蚁酸来保护自己。似乎是因为用蚁酸涂擦羽毛能大量减少羽毛中的螨虫和其他寄生虫。

有的鸟儿会在求偶行为中使用工具。例如，澳大利亚的园丁鸟，会为自己建造精美的求爱隧道（凉亭），并用五彩缤纷的东西进行装饰。有一些特殊的品种（如缎蓝园丁鸟），会用小树枝当画笔来为这些求爱隧道增加艺术美感。它们使用的颜料是水果汁和唾液的混合物。它们用

动物的援助行动

动物可以通过训练学会使用各种各样的工具。在印度南部地区工作的亚洲象，能够把绳子当成它们鼻子的一种延伸，将圆木从人力难以触及的地方拉出来。世界上还有一些地方把猴子训练出来帮助残疾人。这些接受过训练的猴子能够给人喂饭、梳头，还会用专门特制的真空吸尘器打扫房间。

▲ 这只生活在沙漠中的雌性泥蜂，正在用鹅卵石快速敲击地面上的卵巢，确保卵巢封口牢固而安全。在地下的卵巢中，有它产下的一枚卵以及一条被麻痹的毛虫，等卵孵出来后，毛虫就成了泥蜂幼虫的食物。

喙衔着用小树枝做的画笔，蘸着“颜料”，在隧道的墙壁上涂抹。

黑色的棕榈巴丹凤头鹦鹉是澳大利亚最大的鹦鹉，它们通过敲击来吸引配偶。它们用喙衔着一支像鼓槌的木棍，敲击中空的树洞，发出“砰砰砰”的声音。

一种欧洲的雌性泥蜂在地上的小洞中产下一枚卵，同时它还会在产卵的小洞中放上一条毛虫。当小泥蜂孵化出来后，就能吃到一顿丰富的生日早餐。雌性泥蜂产完卵后，就会把洞口堵上，以防其他饥饿的入侵者袭击。最后，这只泥蜂会把一块小鹅卵石夹在下颚处，快速敲打土壤，直到它确信洞口牢固而安全。

另一种使用工具的昆虫是澳大利亚的编织蚁。成年编织蚁会用有黏性的丝将树叶缝合在一起做成巢。但它们自己并不会吐丝，所以它们把自己的幼虫当成小胶管。它们轻轻挤压自己的幼虫，让幼虫吐出丝来。

▲ 射中靶心！印度尼西亚沼泽中的一条射水鱼突然喷出一串水弹，将挂在叶梢的虫子击落。这种鱼有时甚至能用水弹射中3米远的猎物。

水枪

很少有会使用工具的鱼，而且它们之间彼此相距遥远。但有一种独特的东南亚鱼，它可以把一滴滴的水当成子弹一样使用。这种射水鱼绕着长了红树林的沼泽四处巡游，在垂悬在水面的那些树枝上，寻找粗心大意的昆虫。一旦它发现了目标，就会朝着昆虫喷吐出密密的水弹，将昆虫从栖息的树枝上弹射下来。

这种射水鱼的射水本领是一种本能行为。不过它射击的精确度却是需要练习的。小射水鱼总是错过它们的目标，直到它们掌握了如何调整射击的视差。

大开眼界

聪明的动物

20世纪30年代，有一位率先进行动物行为学研究的科学家伯胡·斯堪纳。他在马戏团通过奖赏方式训练动物的基础上，建立起一套自己的训练动物的方式。后来，其他的科学家纷纷运用他的这套方法，教老虎钻火圈，教鹦鹉骑自行车。

动物的进食

动物都有着强烈的进食欲望，哺乳动物的幼仔一出生就开始畅饮母亲的奶水，而另外一些动物的幼仔一出生就能够吞咽固体食物了。海草、树木、虾、兔子、羚羊等都是动物世界里可口的美餐。

所有动物都需要食物来维持生命，还需要各种营养物质供自己成长并保持健康。各种各样的肉类和植物都可以被当作食物，不过动物们需要一种方式将这些食物摄入体内——这就是进食策略。实际上，动物们的进食策略只有为数不多的几种。

以液态食物为生的动物会将植物汁液或动物体液吸吮进自己体内，从而获得营养。蚜虫利用它们尖利的口器吸食植物的汁液；像蝴蝶这样的昆虫吸食花蜜；蚊子和水蛭则刺进动物的肉里，吸食它们的血液。幼小的哺乳动物吮吸由母亲提供的营养丰富的奶水，并迅速长大。

▶ 一条变色龙伸出它那湿漉漉的舌头，用黏糊糊的舌尖包裹住一只蝗虫。这条可伸缩的舌头是致命的武器，能够出乎意料地迅速猎捕到昆虫。

从昆虫、软体动物、鸟类到大型的猫科动物，吃的都是固体食物。许多植食性动物都拥有可以切割和碾磨的牙齿，蛞蝓和蜗牛拥有擅于刮擦的舌头（齿舌），蚱蜢拥有强劲有力的咀嚼式口器。典型的肉食性动物则有着可以撕咬的巨大牙齿或者强劲有力的喙，用来对付它们的猎物。

海扇、阳遂足、帚虫、藤壶、虾都能从水中滤食微小的食物颗粒。像座头鲸这样的须鲸能吞咽大量的水，并通过它们口中像梳子一样的过滤板（鲸须）筛选出小型甲壳类动物，如磷虾等。

寄生虫生活在其他动物体内，直接从寄主身上获得营养物质。还有一些寄生虫生活在寄主体外，它们以吸血为生，或者以动物身上的残屑为食，如人体的皮屑为尘螨提供了食物。

▲ 这只大熊猫正坐在地上吃自己最喜欢的美食——竹子。大熊猫有一根额外的“拇指”，专门用来撕去竹子的外皮。然后，它们就用宽宽的、善于碾磨的牙齿咀嚼竹茎。

▲ 长颈羚用后腿站立着，抬头啃食树上的叶子。它们总是吃高处的树叶，从而避免了与身材矮小的动物竞争食物。但长颈羚对最高处的叶子也无能为力，只好把它们留给长颈鹿。

草原上的早餐

黎明时分，在非洲大草原上可以看到大量四处觅食的动物——肉食性动物、植食性动物、食腐动物、吃昆虫的动物、吃粪便的动物以及吸血的动物等。大草原上的青草喂养了大量的有蹄类哺乳动物，而这些动物又是肉食性动物的食物。当狮子杀死一头大型动物后，不幸的猎物会成为好几种不同动物的美餐。植食性动物则通过不同的进食方式及不同的食物类型来避免竞争。

高昂着头

以植物为食的长颈鹿会用它们长长的舌头和有力的嘴唇，从多刺的树枝上摘取树叶。它们会用嘴把刺槐的刺“修剪”成特殊的形状，还会“修剪”灌木丛林的顶端。

长舌动物

穿山甲是进食专家。它们的嘴呈管状，里面没有牙齿，只有一条长长的黏黏的舌头，用来舔食蚂蚁、白蚁和水。

时刻警惕

斑马在大草原上吃草，也吃树叶和嫩芽。它们的眼睛长在头部较高的位置，这样它们在进食的时候，就能时刻关注周围是否有危险。

光秃秃的脖子

黑白兀鹫的脖子和头部都没有羽毛，这样当它们食用动物尸体时，血就不会沾到它们的羽毛上。

互相帮助

非洲水牛吃草、树叶、嫩枝和嫩芽，而红嘴牛椋鸟则以皮屑、寄生虫以及皮毛内的扁虱和昆虫为食。这样，牛椋鸟很容易就能找到食物，而水牛也可以免受寄生虫的折磨。苍蝇以血、腐肉和粪便为食。它们不仅附着在植食性动物身上，也附着在肉食性动物身上，并在它们身上产卵。

餐桌上的礼仪

在捕猎的时候，主要是雌狮出力。但是在用餐的时候，雄狮却优先享用最好的肉，然后才轮到雌狮，最后剩下的再留给小狮子。

凶猛的动物

斑鬣狗的双腭强健有力，甚至能吃掉像骨头和蹄子这么坚硬的东西。一群饥饿的斑鬣狗足以赶走一头前来进攻的狮子。

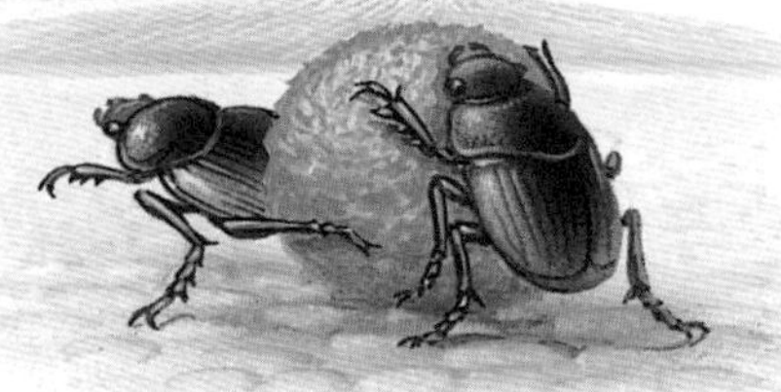

绝不浪费

蜣螂以动物的粪便为食，从而使大草原保持干净整洁。它们还能把粪便埋起来，并在粪便上产卵，这有助于营养物质的循环。

▲ 鲸鲨是世界上最大的鱼，通常体长9～12米。鲸鲨主要以微型动植物为食，它们必须大量进食，这就是它们的嘴那么大的原因。

你知道吗？

独特的鸟喙

这种交嘴鸟的喙看起来就像一对钳子。这种交叉的喙是从松果中取食种子的理想工具。秋沙鸭也是进食专家，它们那边缘像锯一样的喙，专门用来捕捉滑溜溜的鱼。火烈鸟弯曲的喙使它们能够轻松地从水中捕捞猎物。

植食性动物

植食性动物吃各种各样的植物，从海草到仙人掌。羊和牛在草地上啃食青草，大象、松鸡和一些猴子则以树叶或者植物的其他部分为食，如根、茎、芽、花和果实。

植食性动物通常都有强劲有力的口器或者牙齿，能够嚼烂它们的食物，并从中获取营养物质。除了蜗牛和蛞蝓，大多数植食性动物都无法依靠自己的力量消化植物细胞壁中的纤维素，但是它们可以利用消化道中的微生物（细菌、真菌）帮助分解纤维素，获取其中宝贵的糖分。

动物从食物中获得的能量要多于它们寻找食物耗费的能量。但有一些生物，如蜂鸟，差不多可以达到“收支平衡”。蜂鸟在快速拍打翅膀的时候需要消耗大量的能量，所以它们吸食高能量的花蜜补充

▲ 非洲食卵蛇经常吃蛋类，有的蛋大得它们的嘴都塞不下。不过这并不是什么问题，它们可以让颚“脱臼”，把嘴大大张开，并将蛋吞咽下去。

体力。

牛、羊、袋鼠、骆驼、鹿、树懒和河马都是反刍动物。为了从食物中获得尽可能多的营养，它们会对半消化的草料进行反刍（从胃里返回嘴里），然后重新咀嚼，并再次吞咽下去。

肉食性动物

以动物为食的动物被称为肉食性动物。许多肉食性动物都是捕食者，它们必须找到并捕获猎物来填饱肚子。在觅食和捕食过程中，它们需要消耗大量的能量。因此，猎物必须含有很高的能量和营养物质，才能弥补捕食者消耗的体力。与植食性动物相比，肉食性动物的食量要小得多，但每次进食，它们都会摄取浓缩的精华营养。肉食性动物进食的次数也较少，而且它们的消化道比较短。大型的蛇类，如巨蟒，在食物短缺的时候通常难得吃上一顿饱餐，所以一旦有了进食的机会，它们就会吃很多，甚至能吃下一头羚羊。吞噬鳗和其他的深海鱼类都长着巨大的嘴和胃，能够吃下和它们自身差不多大的鱼。

在野外，什么都不会被浪费。当捕食者吃完一头动物以后，乌鸦和豺狼这样的食腐动物就会前来拣食骨头上的肉屑。胡兀鹫甚至连骨头一同吃下。有时候，它们会将骨头带到岩石地面上方的高空中，然后抛下骨头，将骨头摔碎，这样它们就可以食用骨头里面柔软的骨髓。

接下来，剩余的残渣会被甲虫、蠕虫和昆虫幼虫之类的小动物吃得一干二净，然后真菌和细菌会让营养物质回到土壤之中，开始新的循环。在海洋里，鱼、海星、海蚯蚓、软体动物和甲壳动物都能够迅速吃掉海床上的腐肉。

动物们能够迅速找到新的食物资源。在有人类居住的地方，青山雀会把喙伸进牛奶瓶里，吸食里面的牛奶；而生活在城镇中的狐狸会在夜晚出来搜寻垃圾箱。

动物的交流

我们可能认为所有的动物都不会说话，但实际上许多动物都有话要说，它们可以通过吼叫、口哨、咆哮、手势、姿态、气味，或者轻轻推碰对方来进行交流。

当一种动物放弃伪装，把自己暴露出来的时候，它一定有很重要的原因，因为这样做要冒着被捕食者发现的风险。动物们发出来的信号可以表明自己的种类、年龄或性别，但是动物们还必须仔细辨别哪些是自己的近亲，这样才能避免与它们交配，或者吃掉它们。信号还可以用来传达有关食物来源的信息。例如，在找到了充足的食物资源之后，工蜂会通过一种“摇摆舞”来通知蜂房里其他的蜜蜂。

交流也可以用来在群体中宣布领地所有权和确立社会地位。在一个群体中，动物的统治地位通常以高大的身材或“武器”（比如角或牙）的大小作为标志。而雄狮和雄性狒狒则长有独特的鬃毛，占统治地位的大猩猩有着银色的后背。

动物的感受和情绪也可以通过信号来表达。一只处于进攻状态的动物通常会展示自己的爪子、角和牙齿。备战的姿态则是一个威胁的信号，通常，在交换过这样的信号之后，战争往往可以避免。

▲ 这只山魈（一种产于西非的大型狒狒）用颜色鲜艳的鼻子，警告它的对手赶快离开。它通过这种色彩告诉其他山魈，它是雄性，强壮有力，而且富有侵略性。

视觉和听觉

动物们并不“健谈”，它们主要依靠视觉、嗅觉、听觉和触觉与同伴或对手进行交流。

狼群中的语言

狼群是一个建立在上下级关系基础上的群体，每一头狼在狼群中都有自己特定的地位。它们的地位需要通过与同伴之间的交流来加强，它们经常利用气味、声音、姿势和面部表情进行交流。

▲ 当大象把耳朵充分舒展开，并扇动耳朵边缘时，就预示着它要全速奔跑了。图中这头雄性非洲象正在向前飞奔，这是明显的威胁信号。

动物的颜色、图案、姿势中往往携带着大量的视觉信号。它们会通过炫耀身上的花纹来吸引配偶或者恐吓敌人。许多雄性动物都会进行色彩斑斓的求爱展示，以此吸引雌性，并试图让雌性相信自己将是一个优秀的伴侣。例如，雄孔雀会展开它那美丽的尾巴，并在雌孔雀面前抖动尾巴，以加深雌孔雀对它的印象。有毒的动物通常靠黑、黄、红这样的颜色来警告其他动物。

像黑猩猩这样的灵长类动物可以用不同的面部表情来表达自己的情绪——噘嘴表示不满意，龇牙咧嘴意味着这只黑猩猩很害怕。而猫科动物在处于敌对情绪时，会把耳朵向后翻转。

声音信号在鸟类中显得尤其精妙。鸟儿们的歌声千变万化，可以传递许多不同的信息。复杂的歌声往往被用于防卫领地或者吸引配偶。简单

▲ 在炎热的、雾气腾腾的红树林沼泽中，弹涂鱼会用背鳍打出“旗语”来发送信息，彼此联络。弹涂鱼是一种领地意识强的鱼，雄鱼会闪动着背鳍，宣告自己对领地和雌鱼的占有权。

▲ 海豚可以发出声音来进行交流。这种声音在水下能够传播到很远的地方，就像船上的声呐设备一样。在它们的脑袋上，有一块隆起的脂肪组织，能够聚集声音。因此，许多种类的海豚都长着一个穹顶形的额头。

的叫声所传达的信息也比较简单，这可能是一种危险的警告，也可能是小鸟饥饿的信号。

当美洲鳄幼仔还在卵壳中时，它们就会向妈妈发出呼唤之声。小鼩鼱会用一种尖叫声回应自己的母亲，它们的音调如此之高，以至于大多数捕食者都听不到它们的叫声。吼猴在清晨的喧哗声是为了宣告自己是领地的主人。狮子在领地的边缘咆哮，宣布它们对领地的所有权。蚱蜢会用腿制造出一种类似于歌声的信号，还会用翅膀“敲鼓”，而红毛窃蠹（一种甲虫）会用脑袋“打拍子”。

大型动物倾向于在漫长的旅途中，通过声音来宣布自己的存在，并以此吸引配偶。青蛙虽然个头很小，但是它们有着大

▲ 这只澳洲伞蜥正在展示一种威胁姿势。它大声地嘶叫着，迅速地甩着尾巴，同时展开了它那红黑相间的褶边，以使自己看起来庞大可怕。被吓得目瞪口呆的捕食者很可能会因此放弃这份食物，打道回府。

▲ 这只雄性蟾蜍鼓起了它的两个喉袋，以扩大音量来吸引配偶。但是，这种声音也可能把捕食者吸引过来。

你知道吗？

恐惧之味

社会化的蚂蚁在受到威胁之后，会产生一种具有警告作用的外激素。兵蚁会用这种气味呼唤其他的兵蚁，刺激它们进入备战状态。

而兵蚁的这种行为会被一种叫作蓄奴蚁的蚂蚁利用。蓄奴蚁会接近其他的蚁群，并释放出大量的警告性激素，使那些防守的蚂蚁陷入恐慌，丢下自己的蛹仓皇逃窜。然后，这些蛹就被蓄奴蚁饲养，成为它们的奴隶。

放哨的灰雁
灰雁在处于警觉状态时，会高高地向上伸直脖子，仔细地观望四周。

恐吓敌人
在威胁敌人的时候，灰雁会把脖子直直地朝前伸长，同时张开鸟喙，发出嗞嗞的声音。

灰雁的步伐
灰雁利用叫声、嗞嗞声以及身体姿势进行交流。

唱响凯歌
目送敌人落荒而逃的灰雁会举行“凯旋典礼”。在繁殖季节之初，灰雁夫妇会用与“凯旋典礼”相同的身体语言来互相问候，增强彼此之间的感情。

水上表演
在水面上，雄雁会进行一系列求爱表演，来展示自己的优秀条件。求爱表演中的一个步骤是把头浸入水下。

大的喉囊，可以发出洪亮的“求偶之声”。

鸣禽在发现了鹰的踪迹之后，会发出一种独特的警报声—— 一种短促而高亢的叫声。其他的鸟儿听到这种声音后，就会飞到隐蔽处躲藏起来。长尾猴还会针对不同的捕食者发出不同的警报声。当豹子靠近时，“目击者”会发出一种特别的叫声，家族中的其他猴子听到这种叫声就会全部跑进树林里。当鹰接近时，侦察到危险的长尾猴会发出另一种警报声，它的同伴听到这种警报就会抬头仰望，而对遭遇蛇发出的警报声会提醒猴子们向地面上看。

▲ 犀牛的视力很弱，但是，从这头雄性犀牛脸上的“笑容”可以看出，它的嗅觉很敏锐。许多雄性哺乳动物都会做出这种唇型，以回应雌性发出的气味信息。通过将嘴唇上卷，雄性可以吸入更多的气味。

嗅觉和触觉

气味的信号（通常被用来吸引配偶）在白天和夜晚都很有效。例如，许多雌蛾释放出来的外激素，在有风的情况下能够吸引远处的雄蛾。在新几内亚，有一种蜘蛛也能够释放出吸引雄蛾的外激素。那些被蜘蛛的外激素吸引的可怜的雄蛾，经过长途飞行，见到的往往不是配偶，而是自己的死敌。

大开眼界

黑猩猩瓦苏

在 20 世纪 60 年代，美国内华达大学的心理学家加德纳夫妇教会了一只名叫瓦苏的黑猩猩用 300 多种美式手语来表达 60 个词的意思。这只黑猩猩能够将这些词串联在一起，组成简单的句子。瓦苏还协助科学家们做了许多语言学方面的实验。

气味信号也可以起到防御的作用。在遇到危险的时候，臭鼬会翘起屁股，喷射出一股恶臭的化学物质，这是一个明确的信号，臭鼬在利用这种臭味对冒犯者说“走开”。在标记领地的时候，气味可以在动物离开之后继续存留很长时间，能够在较长时间内对外来者宣告领地主人的身份。

许多雄性蜘蛛需要冒着生命危险进行交配，它们会通过触碰来向雌性表明自己的身份，以免被雌性当作食物吃掉。还有一种非常特殊的社会性交流方式，那就是非洲电鱼使用的电流脉冲。

世界性的语言

在不同的物种之间，有一些通用的信号可以用来互相交流。被逼得走投无路的动物会吐唾沫、咆哮、尖叫、展示爪子或者牙齿，或者使自己看起来比实际的体形庞大很多，这些信息的言下之意是“退后”，许多物种都能够理解这层含义。

雌性凤头麦鸡和双领鸻有时候会假装翅膀折断了，这种行为可以吸引捕食者来追捕自己，从而离开它们的巢和雏鸟。这个信号在这里的意思就是“过来抓我吧，我受伤了”，尽管事实上并不是真的。

还有一些动物也会使用欺骗性的信号，如游蛇就很会说谎。当它们受到威胁的时候会装死，这常常可以骗过攻击者。

动物的捕猎行为

对任何动物来说，要生存下去，最重要的优势就是能够找到食物。不同的动物有与众不同的猎食方法。在这些动物中，大多数都是肉食动物（捕食者），它们主要靠吃其他的动物（猎物）生存。许多动物都是机会主义者——它们要随时准备抓捕猎物。

有一些动物是捕猎专家——它们只吃一种或两种特定的猎物。例如，在白天的大多数时间里，鹰和大型猫科动物要么坐着休息，要么睡觉，但是在它们饥饿的时候，就开始搜寻猎物了。在捕猎时，它们面对的竞争比较少，但是如果食物源消失了，它们就会面临饥饿的威胁。

其他动物则是机会主义者。它们会杀死自己抓到的任何猎物。它们随时都在寻找食物，用鼻子嗅闻食物以及检查食物。吃不同的食物意味着当一种食物匮乏时，它们还能求助于其他食物。

食肉动物搜寻、追逐、抓捕猎物的方式也是多种多样的，它们会使用各种不同的战术和策略。有的动物会以群体的形式捕猎，有的动物则喜欢独自捕猎。不同的动物依靠不同的特长和

▲ 虎鲸冲上南美洲的巴塔哥尼亚海岸，朝着这群受到惊吓的海狮而去。它们会先咬住海狮，然后将海狮在地面上左右击打，直到海狮死去，它们才吃下猎物。

▲ 在进食方面，短耳象鼩是典型的机会主义者。就像图中这只正在吃虫子的象鼩一样，它们会一边匆匆忙忙地行走，一边不断地在落叶堆中搜寻食物。它们那长长的鼻子和大大的眼睛都有助于它们追踪到猎物。

杀戮

在成功捕到猎物之前，捕食者必须尽可能地靠近猎物。它们在追捕猎物时会使用自己过去积累的经验，从而提高追捕和杀死猎物的成功率。在非洲大草原上，捕食者通常有三种不同的捕猎技巧：成群捕猎、伏击捕猎以及通过追逐拖垮猎物。

伏击
这群雌狮从不同的方向偷偷摸摸靠近斑马。它们会突然出现，使斑马受到惊吓。如果有必要的话，它们也会追逐斑马，然后将斑马击倒在地。

成群获胜
大群的鬣狗在持续追逐猎物，这意味着图中的角马根本不能活着逃离。鬣狗对猎物可以连续追逐几千米，直到猎物筋疲力尽。

短距离的遭遇战
猎豹会在短距离内迅速抓捕猎物。如果它们不能在短距离内迅速抓到瞪羚，就会放弃。不过，一般来说，猎豹总是能够轻而易举地追上猎物，并将猎物击倒。

感官抓捕猎物。

许多食肉动物的身体都已经适应了各自特殊的猎食方式。例如，指猴是一种奇怪的灵长类动物，它们主要生活在马达加斯加地区。它们在树丛中觅食。通过进化，它们的手指变得很长，能够从树枝洞里把幼虫掏出来。

速度和力量

猎豹是世界上在陆地上奔跑得最快的动物，它们依靠自己的速度追捕猎物。它们在平均不到 180 米的距离内抓捕猎物。如果在这个距离内抓不到猎物，它们就会放弃。不过，如果猎豹够不到猎物，它们就会把猎物震倒（恐吓）在地，然后上前用强健的双腭咬住猎物的喉咙，使猎物窒息而亡。

与猎豹相比，雌狮是擅长潜伏的杀手，它们依靠隐秘的行踪和力量抓捕猎物。由于它们体形庞大，所以速度不快，因此需要在不知不觉中突袭猎物并将其抓住。雌狮通常成群捕猎，这意味着它们可以团团围住自己的受害者。面对大群雌狮的突然进攻，受害者很难逃离。一头雌狮先把猎物重重击倒在地，然后咬住猎物的喉咙，使其迅速窒息而亡。随后，其余的雌狮靠上前来，共同分享这餐盛宴。

鬣狗也是成群捕猎，如果有必要的话，它们会一直追逐猎物长达几千米。它们制胜的秘诀在于耐力。当猎物筋疲力尽后，鬣狗就会将其击倒，撕扯它的肉，直到猎物因失血过多而死亡——这种猎杀方式看似笨拙，实则很有效。

协力合作或独自捕猎

森林里的黑猩猩主要以水果和植物为食，但是它们偶尔也会猎食动物，如疣猴。成群的黑猩猩会定期在一起捕猎。在黑猩猩成群捕猎的时候，会分别担任固定的角色。例如，首先会有大约 6 头成年雄性黑猩猩负责驱赶猎物，它们把猎物朝着一个方向驱赶，直到把猎物赶进森林某处的天篷中或一些封闭区域内，以防猎物从缝隙或角落逃走。然后，黑猩猩开始对猎物进行围攻。这时，首先由担任“狩猎”任务的黑猩猩围上来，最后再由担任“伏击”任务的技术熟练的黑猩猩参与进来，所有的黑猩猩齐心协力，最终完成对猎物的“围剿”。

有一些蚂蚁，比如盲眼的掠夺蚁，它们就成群聚在一起捕猎。这些蚂蚁用触须在地面上叩击，寻找猎物，同时留下气味。其他蚂蚁会沿着这股气味尾随而至。过了一会儿，领头的蚂蚁散开，后面的蚂蚁聚上来，开始对猎物进行围捕。如果它们发现了一只蚱蜢或甲虫，所有蚂蚁就会一拥而上，“盖”在猎物身上，你一口我一口地将猎物咬死。受害者毫无还手之力，除非在被战胜前能够逃脱出去。

大开眼界

古怪的行为

兔唇蝠以鱼为食，并通过回声定位寻找猎物。当它们发现鱼儿后，就会朝着下面飞，并用巨大而弯曲的爪子抓住鱼儿。

▲ 这群蚂蚁正往一只不幸的纺织娘（一种蟋蟀）的身上爬。当大群的蚂蚁使这只昆虫窒息后，它们还会用身体的外骨骼来攻击它。最后，在大群蚂蚁的叮咬和攻击下，昆虫会慢慢死去。

◀ 灰林鸮和所有猫头鹰一样，有着很好的视力——甚至在漆黑的夜空中，它们的听力也很棒，所以很容易找到猎物。它们能够静悄悄地逼近猎物，从而令毫无警觉的猎物来不及逃脱。

对一些物种来说，成群捕猎是一种成功的方式，但那些独自捕猎的物种也有自己有效的捕猎方法。例如，在河流中觅食的鸟儿（鹭），就进化出了一种非常特别的觅食技巧。鹭捕猎前，会一直安安静静站在水中，直到鱼儿失去警觉。最后，它们才会把喙轻轻“刺”入水中，并迅速抓住猎物。非洲黑鹭的捕猎技巧稍微有些与众不同。它们会将头低下，翅膀朝前展开，看起来就像一把撑开的小伞。人们并不清楚它们为何使用这种像伞一样的姿势，这可能是为了让眼睛避开太阳，防止水中的反光，从而使它们能够更清楚地看见猎物。

鱼鹰是唯一的一种完全以鱼为生的猛禽。它们在空中“巡航”，并且能够在 30 米的高空或更高的地方发现鱼儿。一旦它们看见鱼儿，就会立即朝下俯冲，并在最后一秒钟内，直接用爪子抓住鱼儿。鱼鹰的这种捕猎方式与猫头鹰类似，猫头鹰也是在空中发现猎物，然后将爪子朝外伸展着，安静地朝下猛扑。

迂回的战略

等待猎物自动上门与追逐猎物一样有效，但是消耗的能量要少得多。琵琶鱼就是利用自己头顶的细丝来诱捕猎物。它们会安静地躺在水里，等待猎物经过。当猎物靠近时，琵琶鱼就会

▲ 响尾蛇眼睛前面的眼窝中有红外线探测器，能够帮助它们定位猎物。它们探测到的温度越高，说明猎物距离它们越近。

颤动头顶的触须，于是，触须末端小小的、像虫子一样的“诱饵”就会在水中摆动。当猎物靠得更近后，琵琶鱼就会张开嘴，把猎物吞咽下去。

年幼的铜斑蛇也是诱惑猎物靠近自己。铜斑蛇的尾巴颜色鲜艳，它会摆动尾巴，吸引毫无警觉的猎物，如青蛙，直到猎物近得让它们能够发起攻击。

许多动物还利用特殊的感官在远距离内探测猎物。例如，一些蝙蝠利用回声定位系统探测猎物，鲨鱼根据猎物神经系统发射出来的电流探测猎物。蝮蛇和响尾蛇等蛇类能够通过它们眼睛前面的热敏感膜，探测到温度的上升。温度上升通常意味着猎物就在附近。

动物的领地

动物们喜欢在一个固定的地方进食、睡觉、抚养幼仔。它们一般都在自己的栖息范围内，不会随意漫游。有些动物甚至喜欢独占某一个区域，拒绝其他同类的进入，这片区域就是它们的领地。

大多数哺乳动物、鸟类、爬行动物，还有一些两栖动物、鱼类和昆虫，都有自己的领地。它们生活在私有区域内，守护自己的地盘，不许其他成员进入。

一片领地可能属于单个动物，也可能属于一群动物。例如，孤独的水貂有自己单独的领地；狮子和吵闹的猴子却住在群居的领地中。

私有领域

单个动物或者一群动物拥有一块属地，有利于保证食物的来源；有机会与异性交配；有地方抚育幼仔。有领地的动物，它可以允许其他种类的动物进入自己的领地，因为它们之间需求不同，不会有太多竞争。但是，同类动物却不受欢迎，因为它们可能会威胁到领地“主人”的舒适生活。

欧洲的知更鸟和獾，它们的领地是多用途的。在领地上，它们吃食、交配、抚养后代。但是，有些动物建立领地的目的，却可能只是单一的。

▶ 在这挤满了居民的地方，每只塘鹅都只有一小块领地，它们相互之间就只有一个鸟嘴的距离。不过，这小块地方，足够用来抚养小塘鹅了，只不过安宁是不可能的，这里总在持续不断地吵闹。

繁殖

一些雄性羚羊，如非洲的转角牛羚，仅仅是在短暂的繁殖季节，为了交配而占据一小片领地。

在美洲的热带地区，雄性的蛤蟆蛱蝶在岩石或树干上占据一小块有阳光的地方，它们在这里展示自己，吸引雌性蝴蝶。如果其他的雄性蝴蝶飞来，它们就会发出一种噪声以示警诫。

慈鲷（一种淡水鱼类）也是为了繁殖而保卫自己的领地。在人们眼里，它们水下领地的界线是不明显的，但慈鲷却似乎准确地知道领地的界线在哪里。

取食

在很多情况下，领地就像私人餐厅，保护领地就是为了保护获得食物的权利。一只鼬鼠、貂鼠，或者水貂的领地大小，直接关系到它们获得食物的数量。一对正在捕猎的金鹰，它们的活动范围在方圆 72 平方千米内。它们活动范围的边界并不明显，但它们相互之间会回避。灰熊的领地需要有充足的植物，这样才能为它提供大量的草料食物。一只雄性灰熊的活动范围可以达到方圆 1000 平方千米。

▲ 许多哺乳动物用刺激性强的，甚至非常臭的气味，来强化自己对领地的所有权。这只汤普森瞪羚正在把大量气味擦在灌木嫩枝上，这些气味来自它眼睛下的一个腺体。等它离开后，这些味道会保持很长时间。

集体营巢的海鸥在海上寻找食物。在那里，它们不需要建立领地。但在陆地上，它们却会维护其窝巢周围的那块小区域——它们在这里抚养后代。

划分边界

拥有领地的动物，通常用两种方式表明其对领地的所有权。对某些动物来说，如鹰，它们只要站在一个能表明自己领地范围的位置上就可以了。而其他一些动物，则需要留下记号维护自己的权利。但是，领地上的记号并不能防止边界被侵占，不过它可以警告陌生者，提醒陌生者这片地区已被占领，阻止新“移民”在此定居。

在繁殖季节里，雄性的三刺棘鱼变得野蛮而好斗，它们要占有领地，在领地上筑巢，吸引配偶。如果其他雄性侵入，它们会用鱼鳍搅动水，甚至竖起身上的刺来对付它的竞争者。

用气味作为记号

许多哺乳动物用它们的尿或粪便来标记自己的领地。雄猫会把它们那气味浓烈的尿撒在领地中；狐狸会在树桩上和其他开阔位置留下气味刺激的粪便；瘦小机灵的懒猴（一种印度小型灵长类动物）则用尿液浸泡它们的手脚，这样，当它们爬过树枝时，就会留下尿液的痕迹。

许多动物还通过身上的特殊腺体产生气味。家兔的气味腺体长在下巴上，这样它们就可以把气味擦在草棍上。鹿和羚羊的气味来自脸部、腿部以及蹄子之间。在亚洲，麝鹿会从肚脐附近的腺体内分泌出一种蜡质香料——这就是麝香，一种昂贵的香料。马达加斯加的环尾狐猴在树上留下气味，它们的气味来自腰部和尾巴下面。这些气味能持续很长时间，即使动物们长时间离开，气味也会留在领地上。但是，领地所有者仍然需要常常更新气味，以保证领地的边界明确。

用吼叫作为记号

动物表明对领地的占有，还有另一种方法，那就是靠声音。许多鸟类在栖息的树枝上，用鸣叫来宣布它们对领地的占有，并保护自己的领地。茶色的猫头鹰夫妇在栖息之处，用叫声来驱赶其他猫头鹰。马达加斯加大狐猴——最大的马达加斯加狐猴——在树梢上通过尖利的呼叫，表明自己占有的领地。一头狮子的吼声在陆地上可以传到很远，狮子用吼声来警告那些进入它们领地的流浪的狮子。

▲ 这只白掌长臂猿通过叫喊表达它对领地的所有权。每天早晨，在东南亚的森林里，相互对抗的白掌长臂猿，靠驱赶邻居维护领地分界线，它们会发出刺耳的嚎叫声。

保卫领地

占有领地的动物是很警觉的。许多动物会在领地边界巡逻，阻止陌生者侵入，更新领地标记。雄狮和雌狮都要巡逻，它们吼叫着，并时常在领地的边界上撒尿，作为记号。

鸟类通过鸣叫宣布自己对领地的占有。如果叫声不能让对手离开，它们就会向入侵者发出更强烈的鸣叫声。如果仍然不能把敌人赶走，它们就会用威胁性的姿态，追击并赶走敌人。

▲ 在哥斯达黎加的雨林中，两只暗红色的雄性毒箭蛙靠摔跤决定谁是领地的所有者。每只雄性毒箭蛙大约需要2平方米的领地，它们通过"唧唧"的声音来宣布对领地的所有权。如果有其他雄性毒箭蛙挑战，它们就通过摔跤决定谁是领地的霸主。

有时，标记和叫声都不足以阻挡入侵者——特别是那些年壮的动物。年轻的茶色猫头鹰离开父母的窝巢后，必须找到它们的领地。在猫头鹰数量过多的林地里，通常没有地方供新来者定居，许多猫头鹰会被领地占有者驱赶，并在战斗中死去。年轻的白鼬是流浪者，它们会被一个又一个的领地占有者驱赶。如果它们不能定居下来建立自己的领地，就不能成功地繁殖后代。

大多数动物都通过斗争来获得安居的领地，它们咆哮、纠缠，展示牙齿、利爪、犄角，有时，它们干脆直接打斗。

一旦两只鼬鼱相遇，它们不进行一场凶残的战斗，是不会有结果的。实际上，这种战斗只是一种仪式，很少会造成伤害。如果一只雄性叉角羚（一种北美羚羊）步入已被占据的领地，领地所有者会摆出防御姿势。如果不起作用，那么最坏的手段就是进行一场决斗。雄性棘鱼（小鱼）在繁殖季节里占有领地，并十分好斗。这种鱼头上生有结块，它们通过头部的顶撞，向其他雄性棘鱼挑战。

▲ 为了表明自己在芦苇地中的领地，这只苇莺大声歌唱。大多数的领地斗争，都发生在同类动物之间，而苇莺有时还会和它的近亲——苇滨雀争斗。

通常来说，所有的领地居民都必须积极守护自己的地盘，赶走入侵者。家园的领地似乎会让主人拥有心理上的优势，在战斗中，它们通常会获得胜利。

老虎的领地

这幅图展示了一只雄性老虎的领地，并列举了它的一些典型的领地行为模式。老虎会圈出一片 50 ～ 200 平方千米的领地，领地大小由食物供应量决定。老虎用粪便作为领地标记，也会把气味浓烈的尿撒在灌木丛、岩石和树木上。

大开眼界

蜥蜴的化装表演

彩虹蜥蜴——一种非洲蜥蜴，在繁殖季节里守护它的领地。与雄性对手相遇时，它的身子就上下来回摆动，展示出亮丽的色彩。它们还可以用尾巴进行战斗。一到晚上，它们就会休战，雄性蜥蜴的颜色会变为暗褐色，等第二天，又恢复到它们繁殖季节时的身体颜色。

夜间巡逻

雄性老虎每周巡视领地一次。它总是按相同的巡逻路线，搜寻入侵者，更新领地上的记号。

雌虎的领地 1

老虎的家庭

在一只雄虎的领地里，可能会有一到四只雌虎的领地。在雌虎的发情季节，雄虎会拜访每一只雌虎并和它们交配。所有雄虎都试图建立自己的领地，确保有稳定的配偶。幼虎在断奶之前和雌虎住在一起。

滚出我的地盘

当一只雄虎在它的领地里发现了另一只雄虎时，麻烦就来了。如果吼叫和恐吓都不起作用，那就只能诉诸武力，直到其中一只雄虎放弃为止。这种战斗通常会伤害身体，并影响到受伤老虎日后的捕猎行为，它可能由于饥饿而死。两只雄虎的领地边界可能很近，有时会近到 60 ～ 90 厘米。

进食时间

老虎是机会主义者，它并不只在饥饿时进食，一有机会，它就会吃。在自己的领地里，雄虎会单独捕猎，它对领地内的所有最佳捕猎点都很熟悉。

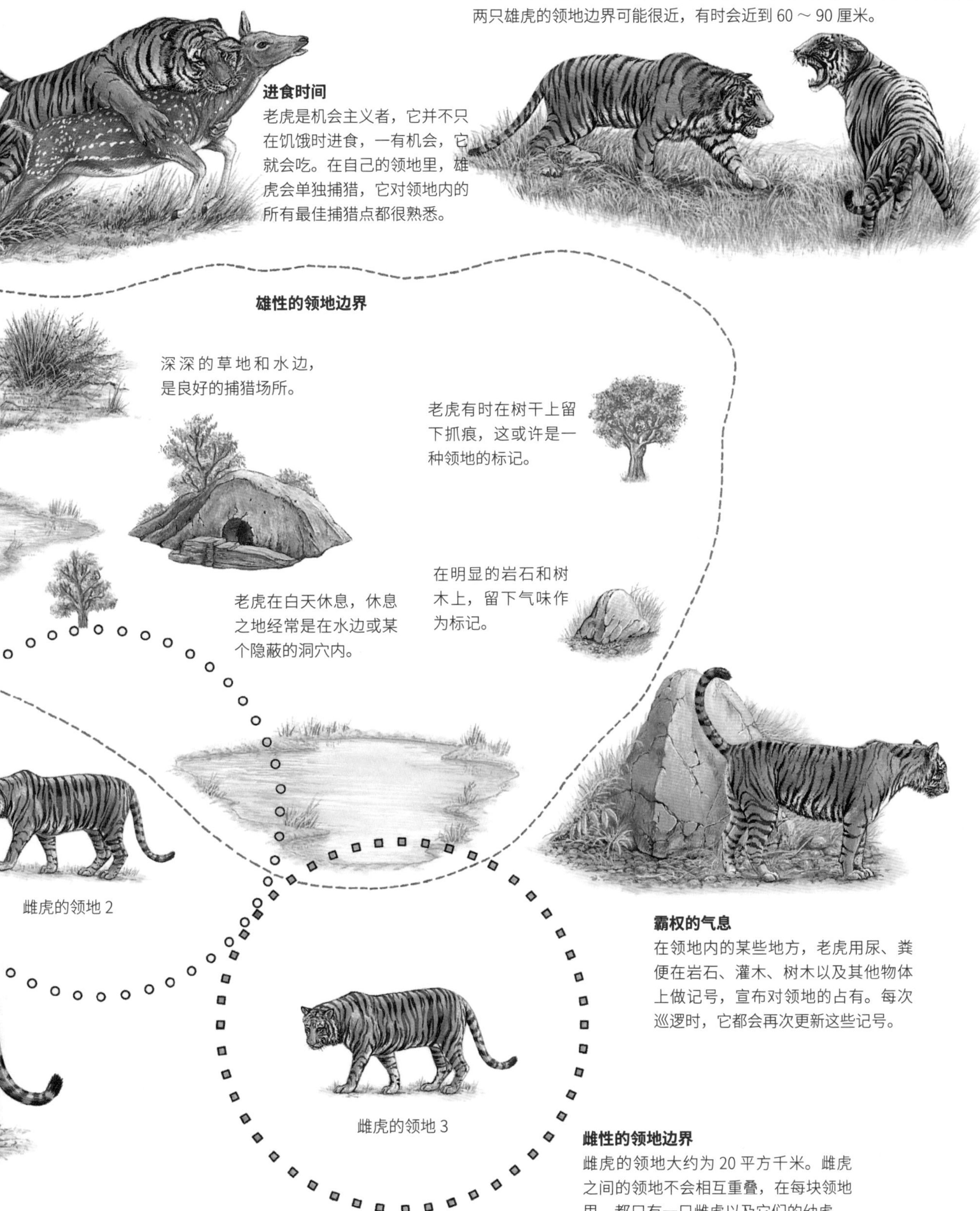

霸权的气息

在领地内的某些地方，老虎用尿、粪便在岩石、灌木、树木以及其他物体上做记号，宣布对领地的占有。每次巡逻时，它都会再次更新这些记号。

雌性的领地边界

雌虎的领地大约为 20 平方千米。雌虎之间的领地不会相互重叠，在每块领地里，都只有一只雌虎以及它们的幼虎。

动物的求爱

在自然界里，爱的语言是由炫耀、姿态以及奇异的仪式组成的彩色代码。求爱动物的许多滑稽行为，在外人眼里可能会显得奇怪而可笑，但其实在表演和叫声的背后，是一套严肃的繁殖策略。

在繁殖季节里，雌性动物与雄性动物不同寻常的行为，尤其是为了交配而进行的一系列行为，通常被称为求爱。

有些动物不会浪费太多的时间，在简洁的求爱礼仪之后，就开始进行交配了。但是对许多动物来说，求爱却是一个漫长的过程，其中包括精心安排的仪式、奇特的表演和舞蹈等。

通常，在雌性动物评估雄性动物的繁育能力时，雄性动物会努力给雌性动物留下深刻的印象，但是求爱并不只是一场随意的“展示会”。求爱行为的每一部分都有特殊的作用，都是整部

▲ 动物界最为壮观的求爱表演非孔雀莫属了。雄孔雀会张开它那长着华丽羽毛的大尾巴，向雌孔雀献殷勤。在求爱过程中，雄孔雀先是背对着雌孔雀，然后突然转身，将自己美丽的尾巴全部展现出来。

求爱戏剧中至关重要的因素，而求爱将为成功的交配铺平道路。

寻找爱人

为了获得繁殖的机会，动物必须首先找到潜在的配偶。这并不能保证交配一定会发生，但这是实现交配的第一步。

对某些动物来说，这一步可能是直截了当的。群居的动物找到自己潜在的配偶是没有什么困难的。当牛羚迁徙到它们的繁殖地时，公牛羚从来不缺少雌性伴侣。而雄性和雌性粪蝇则会不断被新鲜的牛粪吸引着，来到这里相会并繁殖。

许多动物需要通过歌声或叫声来宣传自己。通常是雄性呼唤雌性。雄性青蛙和蟾蜍会在自己的池塘里发出呱呱的呼唤声，让雌性知道自己的方位。

雄性蚱蜢会尖声鸣叫，以此吸引雌性。雄性鸣鸟会在繁殖季节之初确立自己的领地。它们通过歌声来宣告自己的地盘，并让雌性知道自己在哪儿。

哺乳动物倾向于利用气味而不是歌声来寻找配偶。雄性老虎会定期拜访自己领地内的每一只雌虎，并通过气味辨别出雌虎是否做好了交配的准备。蛾子也会通过散发到风中的气味（外激素）来吸引交配对象，而且是雌蛾散发出气味来招引雄蛾。外激素有时会随风飘到几千米远的地方。

在水下世界，鲸会依靠声音来吸引交配对象。气味在水中传播得很慢，并且会很快消散，但是声音却能够迅速传到几千米以外的地方。鲸会发出低频率的叫声，而雄性座头鲸和其他一些种类还会唱出复杂而美妙的歌声，歌声能传到几百米远的地方。

栩栩如生的视觉表演是另一种选择。例如，雄性萤火虫在四处飞舞的时候，会闪烁出一连串的亮光代码，而雌性萤火虫会通过闪烁自己身上的亮光来回应雄性的召唤；雄性饰肩果蝠会通过扑闪肩上的一簇白毛来向雌性发出信号，这些白毛平时就隐藏在它们的“肩袋”中。

初次相会

当陌生的动物初次相见时，它们需要知道彼此是否属于同一物种。如果不属于，那么交配就基本上不会列入日程。两个不同物种之间很少能够繁殖成功，所以无谓的尝试就是在浪费宝贵的时间和精力。珊瑚鱼有着种类繁多的美丽图案和颜色。珊瑚鱼会密集成群地生活在一起，它们的大小又都差不多，所以它们需要分清谁是谁。它们通过互相查看对方身上的标记和颜色来做出判断。在鸟类中，雄性斑胸草雀的羽毛上有着醒目的彩色斑纹、闪光、圆点和横条。由于在澳大利亚还生活着大约 20 种非常相似的种类，所以身上的每块色斑都必须符合相应特征才

这只欧洲大尾莺看起来很像苇莺，但是当它唱歌的时候，它那响亮、清澈的歌声就将自己与苇莺区分开来了。每一种莺都有不同的歌声，所以雌鸟可以确定向自己求爱的雄性是否与自己属于同一物种。

在繁殖季节里，这只锤头果蝠利用它那巨大的口鼻部，以及馅饼皮一样折叠着的褶皱嘴唇，来发出响亮的叫声，与其他雄性进行竞争。

能确认一只鸟是斑胸草雀。

动物也需要确定自己是在与异性打交道。狗会好好嗅一嗅它的陌生伙伴，并且很快分辨出它的性别来。许多物种的雄性通常会比雌性体形大，而且颜色更为鲜亮，羽毛或者皮毛上长着更加帅气的标记。獠牙、鹿茸、牛角等也通常是雄性的象征。

这只雄性缎蓝亭鸟骄傲地站在自己建造的爱巢前，邀请雌性缎蓝亭鸟来一起欣赏它收集起来的亮蓝色的羽毛、花朵、瓶盖和一些其他小玩意儿。

但是许多鸣鸟的性别差异并不是很明显，如莺。在这种情况下，雄性通常用歌声来证明自己的性别。雌性海牛与雄性海牛也没有太大的不同，但是在繁殖季节里，雌性海牛会勇敢地亮出底牌，在岩石和木头上留下气味，让附近游荡的雄性海牛知道自己是雌性，并且处于繁殖期。

求爱姿态

当同一物种的雄性和雌性最终走到一起时，它们也许会立即交配，但是通常，雄性必须吸引雌性，并使雌性相信自己是个值得交配的对象。它会通过求爱炫耀表演来做到这一点，炫耀表演的同时也可以安抚雌性的情绪，并刺激它的性欲，直到雌性为交配做好准备。

◀ 当雌性南非大狒狒做好了交配的准备时，它会向雄性统治者发出信号。它的性器官会膨胀并变得色彩鲜明。它可能会向雄性展示自己的臀部，表明自己正处于繁殖期并且愿意交配。

◀ 海牛是一种大型水生哺乳动物。它们通常在热带海滨、河流、江口里独自游来游去。但是在繁殖季节里，十几只雄性海牛会和一只雌性一起游动，并不停地互相推挤，试图靠近雌海牛。

◀ 在印度洋里，一对面具蝴蝶鱼畅快地同步游动着。它们会脸对脸地跳舞，这使得双方都有机会仔细观察对方。

左鼻孔

超过 13 岁的大型雄性冠海豹都有一只可以膨胀的鼻子（冠）。但是最令人吃惊的是，它们可以从左鼻孔吹出一个红色的“气球”。“气球”其实是它们鼻孔中有弹性的内膜，这层内膜能够吹到足球那么大。这种红色“气球”可能是一个威胁信号，也可能是为了在繁殖季节里向其他雄性示威。但是有时候，冠海豹吹“气球”只是因为好玩而已。

▲ 这个动作看上去有点像拥抱，但其实这是两只雄性黑眉巨蜥之间的一场严肃的摔跤较量而已。黑眉巨蜥为了争夺雌性，会展开一场类似日本相扑的较量。

雄鸟会表演各种各样的舞蹈，并摆出一些特别的姿势，同时闪耀着自己美丽的色彩和华丽的羽毛。鹳会用一种夸张的方式把头弯向后面，同时两喙不断开合，发出啪啪的响声。生活在澳大利亚和巴布亚新几内亚的雄性极乐鸟有着极为耀眼的艳丽色彩，并且长着美丽的尾羽，它们会以奇怪的姿势展示自己的尾羽，并发出神秘的、鬼魅般的叫声。

然而有时候，仅仅简单地进行炫耀表演是不够的，有些雄性还必须通过其他方式来证明自己的价值。雌性常常要判断它们抚养后代的能力。有一些雄鸟会把自己捕获的猎物作为礼物送给雌鸟，以此证明自己的捕食能力。雄性翠鸟会把鱼献给雌鸟，而且鱼通常是头部朝前的（这样更易于吞食）。雄性食蜂鸟和蚊蝎蛉则用昆虫作为礼物。

雄性为了获得伴侣，还要经常和别的雄性进行竞争。有时候，所谓的竞争就是一场搏斗。有一些雄性动物，像鹿、牛和变色龙，通常都将鹿茸、牛角或牙齿作为武器，帮助它们为繁殖而战。

象海豹的爱

象海豹的求爱过程没有什么微妙之处。雄海豹会依靠暴力获得交配的权利。最强大的雄海豹会凶猛地用牙齿击败对手，成为海岸的统治者。随后它就会占领一片海岸，并占有领地内的所有雌性。搏斗可能会鲜血淋漓，因为这种体内长着厚厚的油脂的动物太倔强了，不会轻易改变立场，也不会轻易接受惩罚或者放弃。

▲ 在领地边缘，两只雄性转角牛羚在例行的搏斗中屈膝作战。地位较高的雄性占据着求爱竞技场中心的位置。

▲ 表演场中的雄性黑琴鸡试图通过摆出这样的姿势并炫耀自己的羽毛来胜过竞争对手。

你知道吗？

狂暴的庞然大物

每一两年，性成熟的雄象就会进入一种狂暴的状态。这种状况在非洲象和亚洲象身上都有发生，有时候也会发生在雌象身上。在两三个月的时间里，雄象身上的荷尔蒙会大量分泌。在大象头部两侧的眼睛和耳朵之间各有一个腺体，会膨胀并分泌出一种物质，这种神秘的分泌物会顺着大象的面颊流下来，就像黑色的眼泪一样。雄象还会频繁地小便，并会变得富有攻击性。那些在非洲和印度的村子里疯狂奔跑的大象，通常都是处于发情期的雄象。动物园的管理员有时还会受到发情雄象的攻击并身亡。不过，雌象却并不一定要接受处于发情期的雄象。

爱情鸟

凤头䴙䴘求爱舞蹈绵长而优美。首先，两只鸟要学着用眼睛认识对方，然后，它们会相互检验对方是否适合交配。它们的求爱通常有四种仪式，其中最普通的是摇头。

爱的宣言

在仪式之初，凤头䴙䴘可能会宣传自己以吸引交配的对象。它会伸长脖子，发出一种奇特的嘎嘎的叫声。当它看到另一只凤头䴙䴘后，就会立即止住叫声。

相识仪式

两只鸟见面后会表演相识仪式，以庆祝相逢。一只鸟会不停地潜入水中又浮出水面，而它的配偶在旁边弓着背等候。

摇头仪式

摇头仪式有三个步骤。

第一步和第二步

第一步，两只鸟高耸着凤冠，舒展开耳边的绒毛，开始互相靠近，它们低下鸟喙，上下摆动着脑袋，并发出有节奏的叫声。第二步，它们会交替进行迅速的上下摆头和缓慢的左右摇头两个动作。

摇头仪式的第三步

一只鸟常常在求爱动作的中途停下来，假装打扮自己。它会回头衔起背上的一根羽毛。

水草仪式

在摇头仪式的结尾，两只鸟会从对方身边游开，并潜入水中。几秒钟后，它们浮出水面，每只鸟的嘴里都衔着一些水草。它们慢慢地靠近，胸部相对站立起来，一边踩水一边左右摆头。

撤退仪式

在摇头仪式中，一只鸟可能会跳离它的配偶。然后转过身，采取相识仪式中的弓背姿势。另一只鸟也会采取同样的姿势。

敬献礼物

为了使雌鸟相信自己是个优秀的养家者，在求爱过程中，雄鸟通常会把一条鱼作为礼物献给雌鸟。

伸展动作

在可能的交配地点附近，一只鸟可能会引诱对方，或者两只鸟互相勾引。它们会伸长脖子，在水中低低地游着。

大开眼界

爱的随从

自然规律告诉我们，体形最大的、最强壮的、声音最洪亮的、色彩最艳丽的，或者最能打动异性的雄性才能赢得雌性。但有时候，有些动物却无视这一规律。当欧洲的雄性流苏鹬在它们的表演场中进行竞争时，较小的雄鸟也被称为“随从”，会在雄性统治者表演时，在它们身边转悠。当一个雄性统治者离开去攻击竞争对手时，“随从”有时就会偷偷摸摸地和一个雌性迅速完成交配。在狒狒首领的视野之外，年轻的雄狒狒偶尔也能实现交配的愿望。

不过，图中的蝎子中间就不会出现这种狡猾的行为。在求爱“华尔兹”的整个过程中，雄性会牢牢地抓紧雌性。

美洲落基山脉的雄性大角羊会以头相抵，缠斗在一起；雄性袋鼠会猛踢对手；而雄象偶尔还会在搏斗中死去。但是大多数搏斗都很迅速，或者仅仅是一种仪式化的争斗而已，通过估计或确立优势来获胜，而不会真正地殴打。在繁殖季节里，多数鸟儿会配对繁殖，但是一些雄鸟，如流苏鹬、黑琴鸡和艾草榛鸡，则试图在一个特殊的展示地点（叫作表演场）与众多的雌性交配。在表演场中，雄性设法通过舞蹈、炫耀和展示来胜过伙伴，而雌性则与最吸引它们的雄性进行交配。

还有几种动物也会在表演场进行求爱展示。例如，转角牛羚（一种非洲羚羊）有时会为了在繁殖竞技场中争夺一小片领地而进行战斗，最强大的雄性转角牛羚会占据竞技场的中心

▶ 豹是孤独的动物，由于它们不习惯被陪伴，所以雄豹在发情期会异常小心地接近一只雌豹，因为雌豹有致命的爪子和牙齿。如果雄豹能使雌豹安下心来，雌豹就会让它靠得更近，并允许雄豹用鼻子爱抚它，冲它低吼，并轻轻地咬住它的脖子，然后进行交配。

位置。雌性转角牛羚会避开次等雄性的注意，径直走向场地中央最优秀的雄性。

呈金属蓝绿色的雄性兰花蜜蜂群体会用气味来标记自己的表演场地，并通过舞蹈和嗡嗡声来赢得雌蜂。

最佳时机

在交配前，交配的双方都必须达到一定的性兴奋度。通常雄性会比雌性更热切一些，所以雄性必须向雌性求爱并不断重复它的求爱动作，直到雌性也准备好交配。当雄性墨西哥剑尾鱼朝雌鱼靠近时，雌鱼最初会设法躲开。但是雄鱼会用自己长长的剑尾挡住雌鱼的退路，然后再颤动着剑尾刺激雌鱼。最终，通过不断地重复这个动作，雌鱼会接受雄鱼并与它进行交配。

长时间的重复性展示常常会帮助雌性放松——雌性的心情可能十分矛盾，既有恐惧、敌意，又有对交配的渴望。例如，鸽子会互相爱抚，大象会将鼻子缠绕在一起。但是对小型的雄性蜘蛛来说尤为重要的是，当它试图安抚一只巨大的、富有攻击性的雌蛛时，一定不能心急，因为如果雄蛛不在求爱过程中将自己的意图表达清楚，雌蛛就很可能会把这个追求者一口吞掉。

动物的繁殖

所有动物都要繁殖，这是确保物种延续的唯一方式。但是繁殖的办法却不止一种，动物们纷纷创造了不同的方式去繁殖下一代。

从本质上讲，生物的繁殖方式只有两种：有性繁殖和无性繁殖。所有其他繁殖方式都可以被划分到这两种基本的繁殖方式当中。

无性繁殖是遗传学上简单的复制，可以繁殖出与母本一模一样的后代。在无性繁殖中，所有的染色体（含有基因）都来自单一的母本。无性繁殖要通过有丝分裂（基本的细胞分裂）来产生新的生命体。无性繁殖有着不同的类型，如二分裂生殖（一分为二）、断裂生殖（一个断裂成许多片段）、出芽生殖以及孤雌繁殖（未受精的卵孵化出幼体）。扁形动物门的一些动物会通过二分裂的方式进行繁殖，分裂后的每一半都会把缺失的部分再生出来。

有性繁殖产生的后代稍微有一些遗传学差异。双亲都会通过减数分裂的方式，产生一种被称为配子的特殊细胞。配子中的染色体数目是亲代正常体细胞中染色体数目的一半。来自雄性的配子（精子）与来自雌性的配子（卵子）融合，形成一个新的细胞——受精卵，受精卵拥有正常的染色体数目。受精卵会持续分裂，逐渐发育成幼体。

优势与弱点

当环境适于动物生存时，如食物充足、温度适宜时，动物可以通过无性繁殖迅速复制出大量与自己相同的个体，被复制出来的个体也能适应同样的环境。当环境条件稳定的时候，这一切都可以顺利进行。但是如果环境发生变化，单亲生殖的群体就会遇到麻烦。如果环境条件变得不再适合一个个体的生存，那么同时它也将不适合所有的个体，这样一来，单亲生殖群体就有可能全部灭绝，因为没有一个单亲后代能够适应新的环境。

而在有性繁殖中，亲代的基因会被“掺和”在一起，从而产生拥有不同基因的后代。这样，如果环境发生变化，或许会有一些个体能够适应新的环境。基因的融合也意味着一旦进化出一些新的、更具优势的特性，有性繁殖就可以令这些特性在整个群体间广泛传播。

配子的结合

有性繁殖的一个难题是，双亲必须找到一种使双方的配子结合在一起的方式。这个过程被称为授精。

最简单的授精方式是体外授精。有一些甲壳类动物会把精子释放到水流中，其中一些精子就可以抵达同一物种的卵子，并使卵子受精。

有些鱼类，如大麻哈鱼的授精方法不那么随意。雌性大麻哈鱼会将卵产在河床砂砾中的一个凹陷里，而雄性则直接来到这里把精子射到卵细胞上面。

在陆地上，由于没有水带着精子游向卵子，因此动物们会使用其他方式来进行授精。雄蜘蛛会将精子包裹在小囊（称为精囊）中射出，

▲ 在春季的高潮期，成百上千条银汉鱼会大肆涌向沙滩。它们在沙地上产下卵子和精子，然后返回大海中。受精卵一直保持干燥，直到15天后，下一次高潮来临。此时，小银汉鱼已经孵化出来了，它们可以随着潮水回到海洋中去。

▲ 海蛞蝓是雌雄同体的，它们同时拥有雄性性器官和雌性性器官。因此，它们可以进行自我授精。不过，海蛞蝓通常会选择成对交配，因为基因融合会使它们更具遗传学上的优势。

繁殖的主要方式

动物们最普遍使用的繁殖方式是：

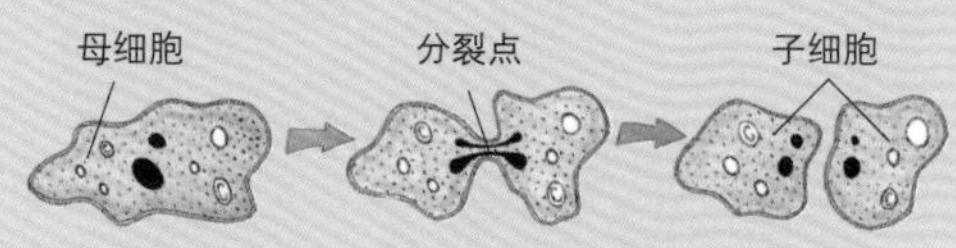

母子关系

所有的原生生物（一种单细胞生物）都可以通过二分裂的方式进行繁殖。母细胞通过有丝分裂一分为二，产生两个子细胞，每个子细胞都拥有一套与母细胞一模一样的基因。

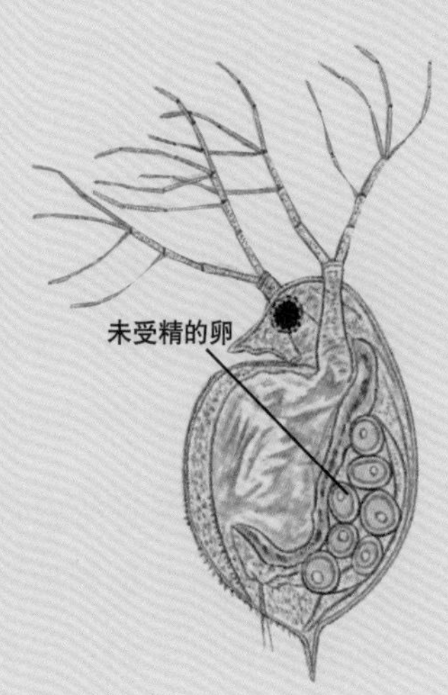

自力更生的水蚤

水蚤可以进行有性繁殖，但是如果它们找不到伴侣的话，未受精的卵也能孵化出幼体。这个过程被称为孤雌生殖。

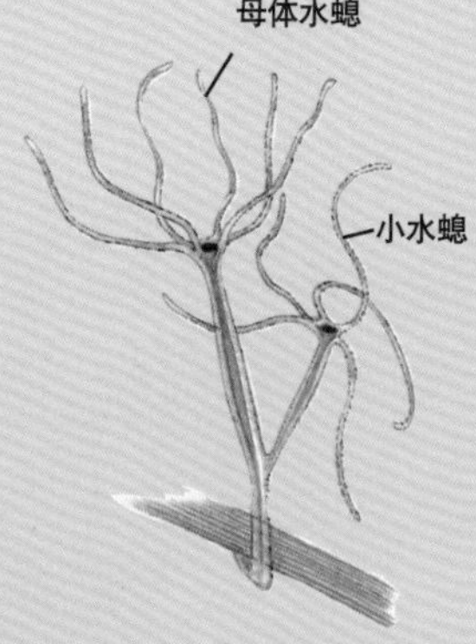

好朋友

水螅是一种简单的动物，它们通过出芽的方式进行繁殖。小水螅从母体上长出来，就像植物的嫩芽一样。当它完全长大以后，就从母体上分离出去并成为独立的个体。小水螅的遗传学特征也与母体完全相同。

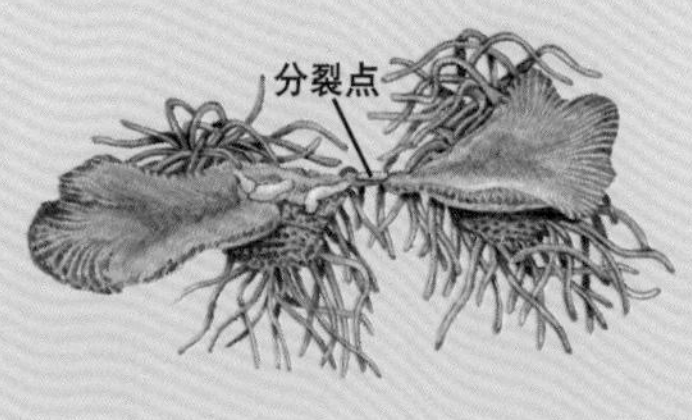

海葵的分裂

海葵可以进行有性繁殖，但是它们也能像原生生物一样，通过分裂进行无性繁殖。一个海葵个体会分裂成两个，产生两个一模一样的后代。

体外受精

青蛙和其他的两栖动物都进行有性繁殖。雄蛙会紧紧地抱住雌蛙，这样雌蛙一产卵，雄蛙就可以立即把精子射到那果冻一样的卵子上。

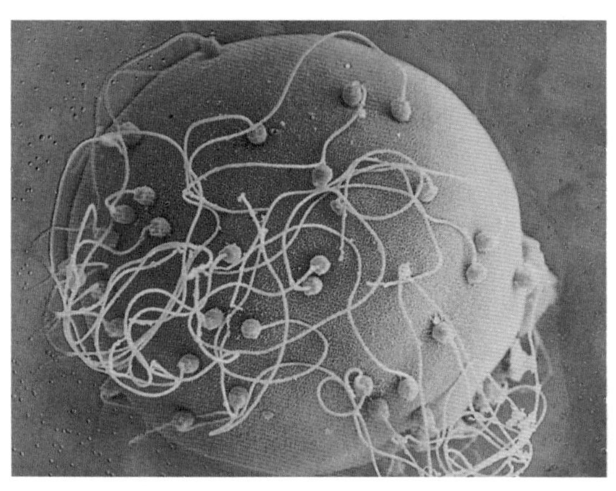

▲ 尽管每个卵上可能吸附着数百万个蝌蚪形状的精子，但只有一个精子能使卵细胞受精。卵细胞特殊的“外衣”确保了只有一个精子可以抵达卵细胞的细胞核，并与之融合。

你知道吗？

矶沙蚕的繁殖

每年 11 月，生活在南太平洋暗礁中的矶沙蚕就会选择一个晚上，在两小时之内，使卵子和精子融合在一起。每条矶沙蚕的后半身都携带着配子，能够与前半身分离开来，并游到水面上去。到达水面后，它们就会破裂，确保卵子与精子融合在一起。生活在岛上的居民会把矶沙蚕的尾部收集起来，当作丰盛的美餐。

而雌蜘蛛负责把精囊转移到卵细胞上。不过，最安全的方式是直接在体内使精子和卵子结合在一起。很多动物都使用体内授精的方式，尤其是爬行动物、鸟类和哺乳动物。精子一旦被雄性射入雌性体内，它就会自主地游向卵细胞。

在授精的过程中，精细胞的细胞核会与卵细胞的细胞核融合在一起。为了防止几个精细胞同时与一个卵细胞结合，人类的卵细胞有一层“外衣”，一旦一个精细胞穿透这层“外衣”进入内部，外衣就会变厚并变硬，阻止其他精子进入。而鳟鱼的卵上有狭窄的“隧道”，只允许一个精细胞通过。一旦两性配子的细胞核融合在一起，受精卵就拥有了与正常体细胞相同的染色体数目，然后不断分裂，最终发育成小动物。

动物的变态

一条毛虫用丝将自己缚在树皮上。在这里，它将度过整个冬天。当春天来临的时候，它的形态已经发生了戏剧性的变化：皮肤化成蛹。在蛹里面，毛虫的神经系统和重要器官被保留下来，其余部分则渐渐蜕化。一段时间以后，一只色彩斑斓的燕尾蝶破蛹而出。

当某种动物以这种方式迅速地改变外部形态时，它所经历的过程被称为变态。动物的变态可以分为两大类：完全变态和不完全变态。大多数昆虫都要经历完全变态，如蝴蝶、蛾、甲虫、蜜蜂、黄蜂、蚂蚁和苍蝇等。它们的卵孵化出幼虫，之后幼虫会化成蛹，再之后发育成熟的成虫（全变态类昆虫）破蛹而出。

幼虫的外部形态与成虫不同：它们的身体结构通常比成虫简单。例如毛虫，它的幼体呈圆柱形，而它的成虫（蝴蝶或者蛾）长有翅膀、敏感的触角以及细长的管状嘴（吻）。通常情况下，幼虫的生活环境与成虫不同。因此，它们不会为了食物或者领地彼此竞争。苹果蠹蛾在花丛中飞来飞去，用它们的吻吸食花蜜，而它们的幼虫则在苹果的果实里钻来钻去，蛀食果肉和

◀ 这种细小的叶形动物是一种鳗鲡的幼体。它们从马尾藻海出发，经过长时间洄游，变态为半透明的小鳗鲡（幼鳗）。

正在发育的种子。

有些昆虫会经历不完全变态，如蚱蜢、蝗虫、蟋蟀、臭虫、蜻蜓和蟑螂等。它们的卵孵化出若虫。若虫的外部形态与成虫很像，但是，若虫没有翅膀和繁殖器官。若虫需要经历多次蜕皮才能发育成成虫。若虫在蜕皮时，将旧的外骨骼蜕去，换上新的、更大的外骨骼。经历不完全变态的成年昆虫被称为不全变态类昆虫。

你知道吗？

疯狂的蚂蚁

有一种大型蓝蝴蝶的幼虫非常喜欢食肉，尤其爱吃蚂蚁的幼虫。蚂蚁把蝴蝶幼虫拖进蚁穴里，为它们提供肥嫩的蚂蚁幼虫。这些自私的蚂蚁之所以这么做，是为了吸食蝴蝶幼虫分泌的蜜露，不惜牺牲自己的后代。

▲ 这只美丽的黑燕尾蝶刚从蝶蛹里爬出来不久，翅膀柔弱无力。它需要等待一段时间，直到翅膀干燥变硬后，才能飞到高高的树梢上。

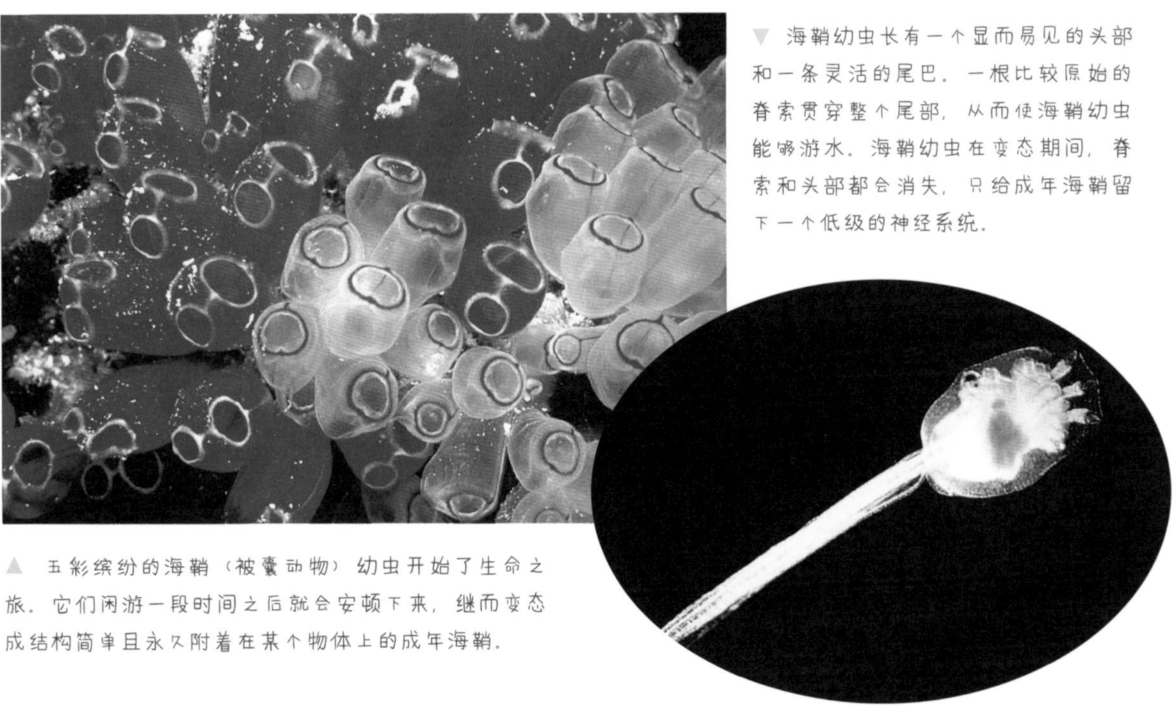

▼ 海鞘幼虫长有一个显而易见的头部和一条灵活的尾巴。一根比较原始的脊索贯穿整个尾部，从而使海鞘幼虫能够游水。海鞘幼虫在变态期间，脊索和头部都会消失，只给成年海鞘留下一个低级的神经系统。

▲ 五彩缤纷的海鞘（被囊动物）幼虫开始了生命之旅。它们闲游一段时间之后就会安顿下来，继而变态成结构简单且永久附着在某个物体上的成年海鞘。

从幼虫到成虫

昆虫幼虫的变态以及若虫发育为成虫的过程，都由两种荷尔蒙调节控制——一种是蜕皮激素，另一种是保幼激素。蜕皮激素能促使幼虫（若虫）变态发育，加速蜕皮；保幼激素可以抑制其他激素，防止幼虫过早变态。

世界上的昆虫之所以呈现出差异性和多样性，主要是因为它们大都需要经历变态。大多数昆虫幼虫（或若虫）的生活环境都与成虫不同，因此，它们不需要为食物和领地彼此竞争。例如，所有食蚜蝇都喜欢在花丛中飞来飞去，觅食花蜜。但是，它们的幼虫却有着完全不一样的生活方式。蜂蝇的幼虫生活在污浊的水中，呼吸时会将身上的一根长长的细管伸出水面。水仙蝇的幼虫以水仙花的球根为食。黑带食蚜蝇的幼虫以蚜虫为食。

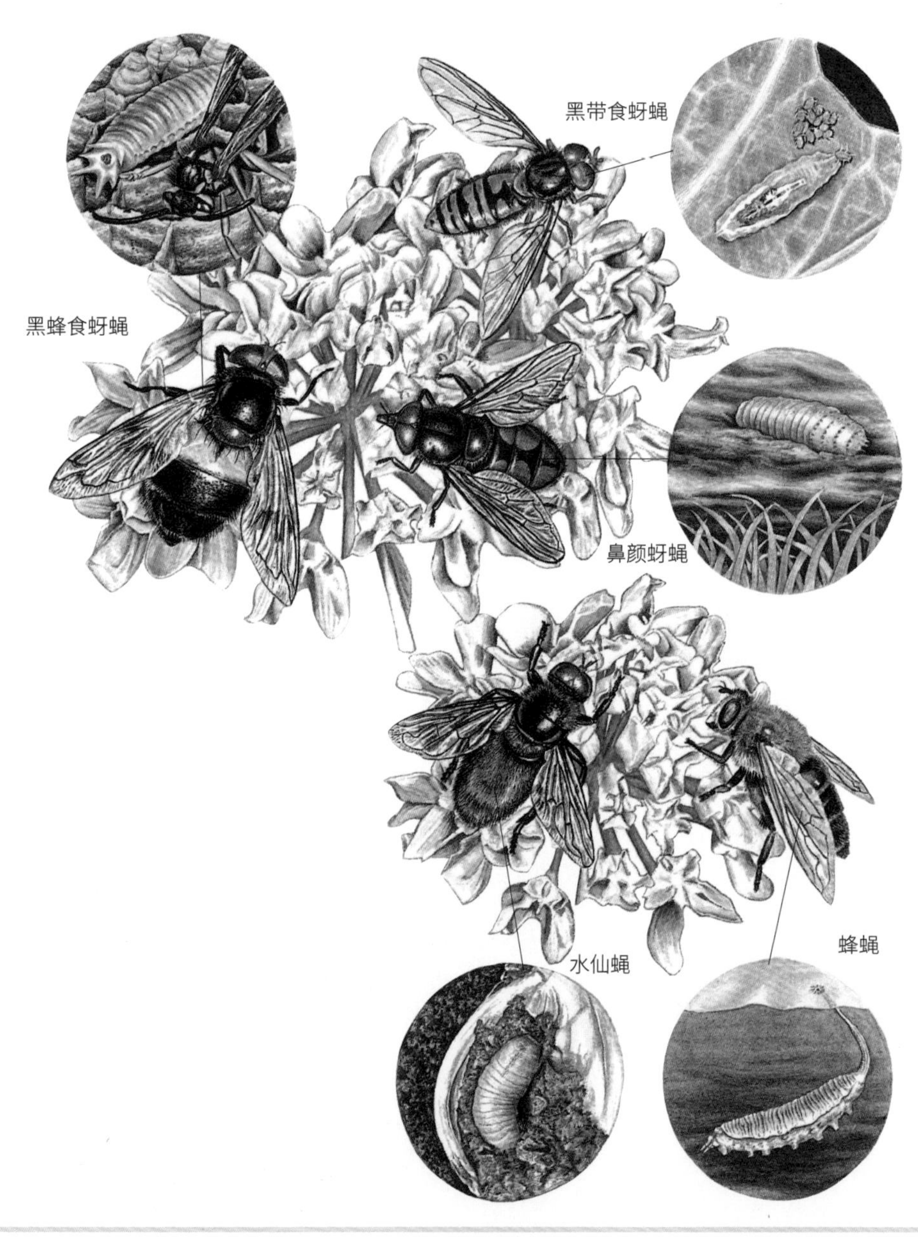

“藏”起来的美丽

大白蝶把卵产在了卷心菜上。一段时间以后，它们的卵孵化出幼虫。这些饥饿的幼虫几乎每时每刻都在啃食卷心菜——汲取营养，为变态提供能量。经过 3 ～ 4 次蜕皮后，幼虫就会化成蛹。在蛹里面，丑陋的幼虫渐渐羽化成美丽的蝴蝶。

蠕动的幼虫
大白蝶的卵非常小，幼虫又细又长。它们的幼虫几乎把所有的时间都用在了进食上。

胀裂的外衣
幼虫越长越大，它们那坚硬的外骨骼也变得越来越紧，这就需要有规律地换上新的、更大的外骨骼。

获得自由
蝴蝶的翅膀、腿和嘴已经显现出来，它们由幼虫皮肤里的细胞群形成。

准备起飞
随着体液不断地被压进翅脉，蝴蝶的翅膀被渐渐打开。不久，它们就为起飞做好了准备。

蜻蜓是一种不全变态类昆虫，它们的若虫生活在水下，看上去就像是没长翅膀的微型成虫。这些若虫大约需要两年的时间才能发育成熟，在此期间，它们以捕食其他昆虫的卵、蝌蚪、小鱼为生。若虫每换一次外骨骼，外部形态就有一些改变，使它们更像成虫。起初，若虫背上的翅膀呈芽状。每次蜕皮后，翅膀都会越长越大。当若虫浮出水面完成最后一次蜕皮后，它们的外部形态变得和成年蜻蜓完全一样。

▲ 达尔文蛙的幼体在雄蛙的声囊里变态发育。图中这些达尔文幼蛙刚刚从雄蛙的声囊里跳出来。

▲ 这只已经发育成熟的皇蜻蜓扭动着身体，从旧的外骨骼中挣脱出来。在随后几天里，它的腹部会渐渐变成蓝色。

除昆虫外，其他一些动物在发育过程中也会经历变态。甲壳动物、两栖动物、棘皮动物和鱼的幼体在发育过程中，外部形态同样会发生改变。行动缓慢的海洋生物（如海星和贻贝）通常产卵繁殖，孵化出来的幼虫呈浮游状态。这些幼虫随波逐流，最后附着在海床上。在这里，它们变态为成虫。

比目鱼也要经历变态发育。从卵中刚孵化出来的比目鱼幼体，看上去与普通的鱼很像。但是，一段时间以后，它们的生活习性和外部形态开始发生变化。比目鱼幼体不再生活在水体上层，而是向下游向海底。它们喜欢侧卧在海床上，靠身体的一侧游动。渐渐地，贴近海床那侧的眼睛会移向头部另一侧的前端，直到与另一只眼睛接近为止。此外，它们的嘴扭曲变形，背鳍向前延伸到达头部后缘。

动物体内分泌的荷尔蒙（一种化学物质）对变态发育起调节控制作用。比如刚孵化出来的蝌蚪，它们的身体两侧长有扇状的外鳃，不久，外鳃就会被内鳃取代。在随后的几周里，蝌蚪的脑垂体释放出生长荷尔蒙。这种化学物质能够抑制蝌蚪变态，并刺激蝌蚪吞食大量食物。当甲状腺分泌出适量的甲状腺素后，变态正式开始。它们的腿显现出来，尾部消失，皮肤、眼睛和嘴都变成青蛙的模样。动物的变态过程也受其他因素影响，如温度、湿度和日长。在黑暗、多雨的夜晚，一些小幼蛙和小幼蟾可能会溺水而亡。

▲ 刚孵出来的比目鱼看上去与普通的鱼很像，它们的模样并不像成年比目鱼那样古怪，它们游到水面觅食，而不是潜到海底。不久，比目鱼幼体的外部形态就开始发生变化：身体变得扁平，侧卧在海床上；两只眼睛凑到一起；嘴扭曲变形。

动物的踪迹

野生动物天性腼腆，离群索居，面对外界倾向于保持一种低矮的身体侧面轮廓形象。但是，当它们日常狩猎、觅食时，却总会在身后留下暴露行踪的证据。只要发现这些信号，并对这些信号做出正确的解释，一名大自然的侦探就能发现很多动物不为人知的一面。

很多动物大多数时候都行踪诡秘、悄无声息，而且通常在黄昏时分才会现身，它们可能就在我们周围，却又不为人所注意。所以，如果想知道在某处特定区域内，哪些动物很活跃，最好的方法就是查看它们遗留的痕迹（踪迹）——足印、吃剩的食物、掉落的毛以及其他类似的东西。

▲ 松树的树干上被“钉”满了橡子，这是橡树啄木鸟的“食品库”。这些橡果一般都是被玉子雀插入树皮中的。许多啮齿动物会在树洞中储存种子和坚果。有时，美洲豹也会把猎物拖到树上，挂在树杈之间。

▲ 这是白杨树光秃秃的树干。当地面上的积雪很深时，雪鞋兔喜欢撕咬白杨树的树皮，因此，这些被撕咬过的迹印都在树干的高处。

地面上的烙印

动物在软软的地面上走过，会留下足或身体其他部位与地面接触的痕迹。这些标记被我们称为足印，一连串足印就会形成足迹。清晰的足印不但能够帮助我们辨别动物的种类，还能为辨别动物的年龄、性别、大小提供线索，并且能够帮助我们判断出动物的前进速度和方向。

最好的足印通常留在潮湿的、稍微有些泥的地面上；或者潮湿的沙地上；或者没有被垃圾覆盖的潮湿的泥地上；或者有一层灰的固体表面上；或者有一层浅浅雪面的坚固地基上。

各种各样的动物都会留下可供辨认的足印，从甲虫、螃蟹、蝎子，到蛇、鸟和大型猫科动物。最容易被查看到的是哺乳动物的足印。哺乳动物的足印既有小到老鼠的足印，也有大到大象的足印，不过，哺乳动物也会留下其他类型的踪迹。美洲豪猪会在雪地上留下尾巴拖曳的痕迹。跳跃着降落到雪地上的鼯鼠会留下身体上的滑翔隔膜的痕迹。

在许多哺乳动物的足印中，比如啮齿动物、犬科动物和猫科动物，都会留下趾垫、足跟、掌背以及交叉趾垫的迹印。通过足印的大小、肉垫的类型、足趾的数目以及爪子的痕迹，可以辨认出动物的种类。哺乳动物其他的主要足印是蹄印。鹿的足印是劈开的。有蹄哺乳动物可以通过足印的大小、形状、足趾印之间的距离以及是否有悬蹄（肢上较高处未发展起来的足趾）的痕迹进行辨认。

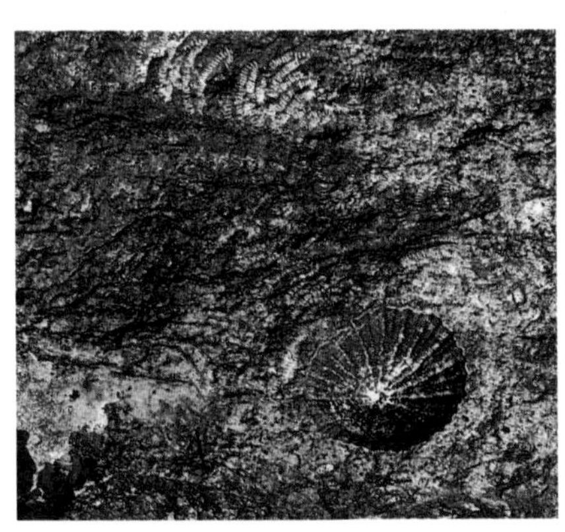

◀ 在进食的途中，当帽贝在岩石的表面刮擦海藻时，它那像锉刀一样的齿舌，留下了一道痕迹。软体动物不能够走太远，大约最多行1米，它们可能会沿着自己的“足迹”返回到巢穴中。

许多信号

在辨认足迹时，既要考虑动物的前后脚，也要考虑动物的左右脚。看看下面这些脚掌印、足迹、悬蹄、蹼和爪子。

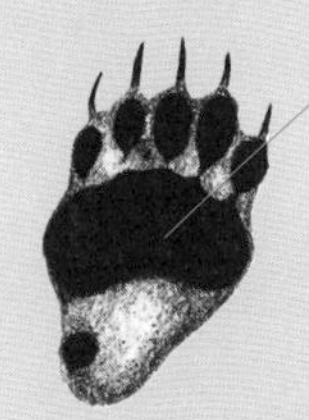

棕熊巨大的左前脚印

熊的右后脚印

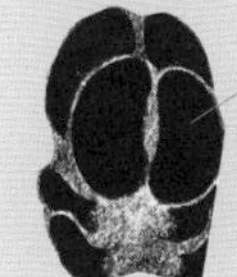

麝牛的足迹与它那巨大的悬蹄重叠在一起

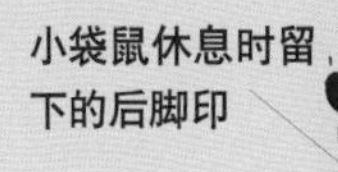

小袋鼠休息时留下的后脚印

鹳的三根大大的、张开的足趾以及圆形的爪

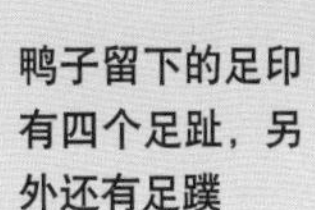

鸭子留下的足印有四个足趾，另外还有足蹼

山猫的足印

山猫在行走中留下的足迹呈一列，在它的脚掌周围，四个足趾呈拱状排列。

▲ 这头美洲狮在美国蒙大拿州的雪地上行走，不可避免地留下了爪印和尾巴在地面上拖拉的痕迹。

▲ 象海豹从这条位于美国加利福尼亚的沙地上经过，留下了一条宽宽的旋涡状路径。象海豹的鳍状肢在道路左右两侧留下的"足迹"，取决于它的大小。象海豹留在沙地上的"足印"中，总有它的身子在地面上拖曳的痕迹。

足迹

动物留下的足迹经常都是凌乱的、歪曲的，其中有部分几乎都消失了，所以，最好的办法是在足迹旁来来回回走一走，找到最好的足印。如果很难找到一个完整的足印，那么可以把几个清晰的不完整的足印收集起来，然后将它们记录、拼凑在一起。

超重的动物

獾的足印通常都很清晰，因为它们的步子很沉。在它们的足印上，五个足趾紧靠在一起，前脚上那长长的爪子清晰可见。

五个后足趾

红松鼠前脚上那四根又长又细的、有爪的足趾清晰可见。细小的拇指没有留下痕迹。它的后脚有五个足趾。

不同的大小

在行走或者柔和地小跑时，红鹿的后脚印会和前脚印叠合在一起。牡鹿的足印比牝鹿的足印大。

相似的爪子

红狐狸的足印很容易与那些和它们大小相似的狗的足迹相混淆。不过，红狐狸留下的足掌印要小一些，并且不会彼此紧挨在一起。

老鼠就是老鼠

林姬鼠的足印很难与其他老鼠的足印区别开来。但是，生活环境、残留的食物信息、粪便，都可以帮助我们辨认老鼠的种类。

在移动时，许多哺乳动物的后脚会落到前脚留下的足印上，于是，单个足印会部分或者全部重叠，或者合在一起。

哺乳动物留下的足迹会随着它们的步法而改变。它们主要的步法有行走、小跑、奔跑、跳跃。在行走时，它们的步幅相对较短，后脚通常距离前脚很近。当它们小跑时，步幅会增大，前后脚印往往会交叠，有蹄哺乳动物蹄子之间也张得更宽。当它们飞快奔跑时通常会留下悬蹄的痕迹。

生活在地面的鸟儿以及降落在地面上进食、饮水、休息的鸟儿，会在泥地、雪地和沙地中留下足印。鸟儿只会留下两个足印。在这些足印中，既有麻雀的小足印，也有两趾鸵鸟的大足印。追踪鸟类的人可以留心的主要线索有：足趾的数量、足趾的相对长度以及足趾间是否有蹼。

移动中

行走、小跑、奔跑、跳跃、飞奔、单脚跳的动物，都会在身后留下不同的足迹。

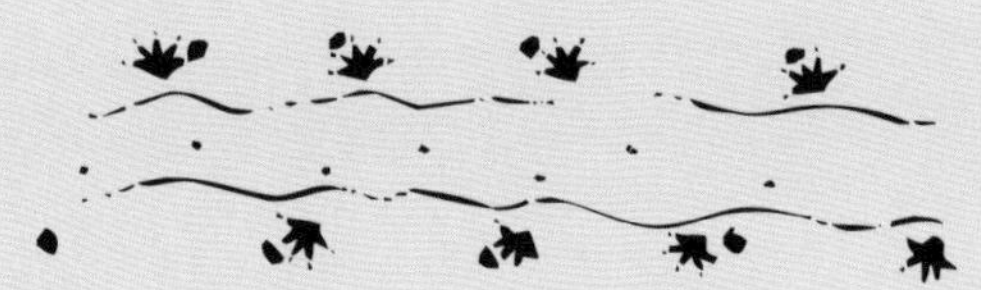

行走的蝙蝠

蝙蝠行走时，它那长有五个足趾的后肢留下的足印，与前肢和地面接触时留下的圆点靠得很近。

快跑的猪

快跑的野猪那张开的蹄印几乎完全重叠在一起，悬蹄印的痕迹清晰可见。

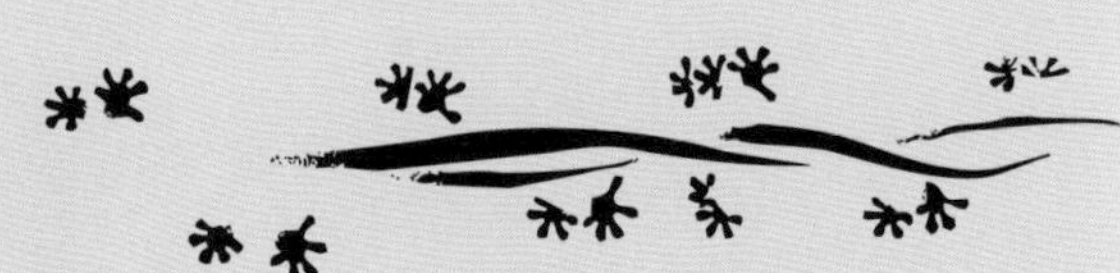

拖曳的壁虎

壁虎行走时，会留下五个足趾和一条身子拖曳的痕迹。此外，它每一个足趾的末端，都有一个小“圆盘”。

◀ 在尼泊尔卡马里自然保护区的这株树，已经被领地内的老虎严重刮擦了。老虎会用后腿站着，在高高的树干上抓咬。

路径和巢穴

哺乳动物一般遵循每天的生活程序及固定的巡游路线，它们会在自己每天经过的草地和地面上，留下明显的路径和奔跑的痕迹。土壤被压平的林地上的一条宽宽的道路，尤其是在坡上或通向巢穴的入口处，会残留獾的香气。石南花丛的嫩枝上，会留下山兔啃咬的痕迹。另外，狍子会在与自己齐肩的、一米多高的林地植被中，留下一条又直又窄的小道。麋鹿留下的路径是宽宽的，最宽处约有2米。

自我观察

仍然能被看见

看看这些被咀嚼过的壳、种子和球果，试着猜猜它们是被哪种动物啃食的。

1. 燕麦是被家鼠啃食的；2. 被吃了一半的燕麦是老鼠干的；3. 松果是被松鼠啃食的；4. 山毛榉果是被林姬鼠吃掉的；5. 榛果是被松鼠吃的；6. 这种榛果是被新疆鼠啃啮的；7. 这是被林姬鼠啃啮的榛果；8. 被松鼠吃了的云杉果；9. 未成熟的榛果是被松鼠吃的；10. 被水鼠啃咬的榛果；11. 被林姬鼠啃咬的橡果。

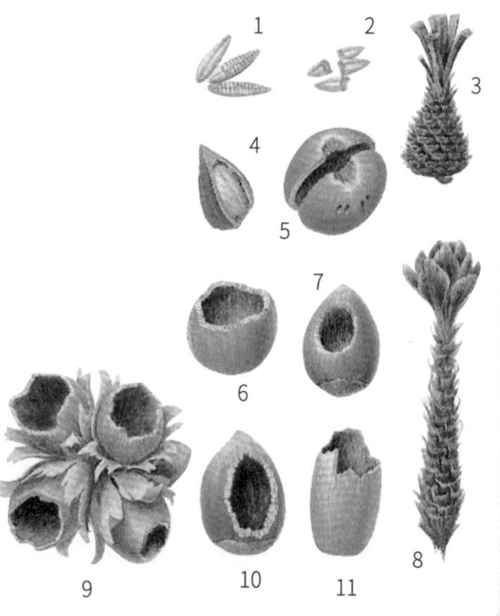

进食

对动物追踪者来说，动物吃剩的食物提供了丰富的线索。裂开的和被咬开的坚果，是啮齿动物曾经进食的信号。每种动物都有自己剥开果壳的典型方式，被老鼠和野鼠剥开的坚果的开口处是光滑的，但被松鼠剥开的坚果的开口处是被磨损了的。

▲ 冰上这些猩红色的痕迹是在北极熊猎食了海豹后留下的。在雪地里，北极熊会留下大量踪迹，这些踪迹的面积大约达到510平方厘米（30厘米×17厘米）。

被部分啃咬的蘑菇是松鼠遗留的。树木底下被损坏的树皮是野兔啃咬的。被磨损的茎、枝以及树木高处被损坏的树皮，通常是鹿搞的破坏。为了吸食树液，啄木鸟会在树皮上留下洞。

食肉动物也会留下食物残渣。没有被埋葬的断头的畜体，通常是猞猁的残留物。南极海岸边上被剥下的企鹅的皮肤、头、脚以及鳍状肢，透露了豹海豹的行踪。猛禽会将受害者身体上不易被消化的部分，以食物小球的形式进行反刍。这些被反刍的小球中含有猎物的碎骨，可以提供线索，告诉我们究竟是哪种动物吃了它们。非洲的食卵蛇会将一小团紧实的蛋壳反刍出来。

每一种动物都有自己特有的粪便。作为通常的规律，食草动物的粪便是小小的圆球状，而

粪便识别卡

这些都是一些动物有代表性的粪便。当然，同一种动物留在田野中的粪便也都是不一样的，这取决于它们的年龄和它们吃的东西。例如，狐狸如果吃的是莓果，它的粪便就是黑色的；如果吃的是骨头，它的粪便就是白色的。

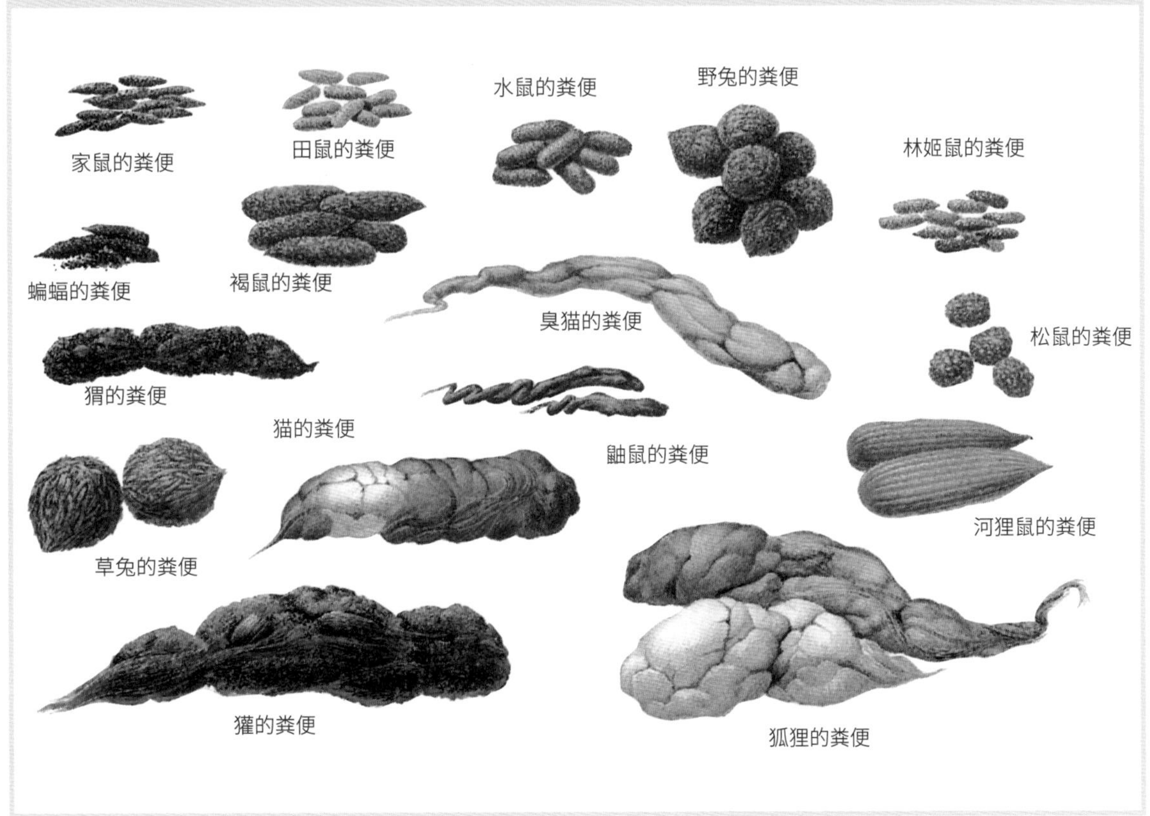

食肉动物的粪便是圆柱状的，粪便的一端是尖形的。这些粪便有各种各样的风格，从斑马那巨型的芸豆型粪便，到土狼像一串珍珠似的粪便以及水牛那巧克力色的扇形粪便。卵石上白色四溅的粪便可能是猛禽留下的。通过粪便还能识别动物的性别。例如，红牡鹿的粪便有一端是凹进去的，而牝鹿的粪便则是圆圆的。

其他的信号

生活在领地中的哺乳动物，如鼹鼠和狮子、土狼和麝猫，制造出来的分泌物和粪便都很臭。有时候，甚至人类也能察觉到臭味的线索。例如，一条路过的狐狸会在身后留下有刺激性的气味。有时，动物也能因为它们制造出来的噪声而暴露。它们不需要靠得很近——狮子的咆哮声可以传到几千米以外的地方。许多鸟儿即使躲在浓密的植被中，也能听到它们的歌声。

掉落的鹿角、毛发、羽毛和昆虫那蜕掉的外骨骼以及爬行动物脱落的皮肤，都为我们寻找到某种动物提供了线索，尤其是当这些痕迹还很新鲜的时候。

回声定位

借助由体内的声呐系统建立的“声音图像”，庞大的抹香鲸在大洋深处的永久黑暗中巡游和觅食。

鲸、鼠海豚、海豚、蝙蝠、海地沟齿鼩（一种形似老鼠的大型哺乳动物），甚至还有一些鸟类，都会通过自己声音的回声来探测周围的物体。它们通过喉咙或鼻腔发出声音脉冲，并聆听反射回来的声波。如果它们的声音被反射回来，那么声波一定遇到了某个物体。这些动物通过在发声的同时晃动脑袋来判断物体的质地、大小和确切位置。

当山蝠在自己的领地边界巡逻的时候，它会发出很大的叫声，同时左右摇头，搜寻下面的蛾子或者其他昆虫。发现一只蛾子后，山蝠会以一种壮观的俯冲姿势径直冲下去，并将自己的

▲ 当这头大抹香鲸潜入水中时，它会用自己巨大的鼻子，每秒钟发出 20 ～ 80 声“嘀嗒”声，然后利用返回的回声建立起周围环境的声呐图像。

喊声、喷嚏和私语

大多数蝙蝠会通过发出一连串尖锐的叫声来进行回声定位，叫声遇到障碍物后会反射回来。许多蝙蝠的声带与骨头（而不是软骨）相连，从而发出非常强劲有力的声音。然而，褐色大耳蝠却不用这样，因为它们可以像私语一般轻轻发出叫声，并利用灵敏的耳朵探测到微弱的回声。马蹄蝠通过自己形状奇特的鼻子发出声音，有点像打喷嚏。它的喉咙延伸到了鼻腔，发声时，鼻腔中的一块叫作鼻叶的皮肤皱褶会将声音集中起来。

如果蝙蝠发出的声波碰到一只正在远去的昆虫，回声的音调就会降低；如果声波是从一只正向它飞来的昆虫身上反射回来，回声的音调就会升高。

马蹄蝠

褐色大耳蝠

电流反射波

象鼻鱼能产生一串持续的电流脉冲，并将这种电流脉冲用作自己的电流“回声”定位系统。脉冲遇到附近的障碍物就会反弹回来，被象鼻鱼的感觉器官探测到，感觉器官与大脑相连，从而帮助象鼻鱼在尼罗河黑暗的水域中巡游并避开捕食者。

尾膜当作篮子，捕获这只不幸的昆虫。

找到鱼儿

▲ 在布满泥沙的水里，亚马孙河豚依靠回声定位来捕食鱼类。它头上那大大的圆顶，称为瓜头，可以聚焦河豚发出的声波信号，并通过膨胀和收缩来改变焦点，从而帮助它追踪逃散的鱼群。

河豚，尤其是那些生活在印度河和长江流域的河豚，在游过河里的泥沙、泥浆和污染物的时候，常常不得不与极低的能见度做斗争。它们会发出尖锐的“嘀嗒”声，然后通过回声建立“声音图像”“看”到物体。它们通过提高声音的频率和发声的速率来了解细节，或探测更小的物体。声波在水中的传播速度是它在空气中传播速率的 4 倍多，所以在探测同样大小的物体时，海豚和齿鲸使用的声音频率要比蝙蝠的声音频率高。

在开阔的海洋里，宽吻海豚比那些生活在淡水中的亲戚们更清楚地看到周围的环境。但是它认为发现回声定位是“看”远距离的物体和分辨细节的便利方式。宽吻海豚常常结群捕鱼。群体中的两只海豚把一群鱼赶在一起，就像牛仔圈牛一样；另外两只海豚吃这些鱼；其余的海豚在远处游动，等着轮到自己吃鱼。海豚通过回声定位把鱼群驱赶到一起，并捕食最美味的鱼。

威德尔海豹也会利用回声定位来导航和捕食。它是所有哺乳动物中栖息地最靠南的，它生活在南极大陆周围冰封的海水中。在冬天，这里的海面上都覆盖着冰层。在这几个月里，威德尔海豹依靠冰层下封住的小团空气，或者在流动的冰面上掘开一些小洞进行呼吸，从而生存下来。它通过发出高分贝的尖叫声并聆听回声，在黑暗的水中捕食鱼类。

在黑暗中看见

其他靠回声来定位的动物，如古巴沟齿鼩，利用“声音图像”在黑暗中“看”到物体。南美的油鸱和燕窝可食用的金丝燕，都栖息在黑暗的洞穴系统的深处。在寻找鸟巢或者洞穴的入口时，为了不撞到岩石的墙壁和悬挂的钟乳石，它们会发出一连串的叫声，在我们听来就像有人发出嘘声一样，然后它们通过聆听回声为自己导航。

▲ 油鸱从鸟巢附近漆黑的洞穴通道骤然下落时，会使用回声定位法避免自己撞到突兀的岩石上。和蝙蝠一样，这种鸟也能通过聆听自己的回声在黑暗中"看"到物体。

自然界的伙伴关系

大自然中有许多这样的案例，一些物种与另一些物种互相吸引，彼此依附在一起，结成互相合作的伙伴关系。这种关系对双方都有好处，能让彼此受益，并都能使对方获得某种满足。不过，没有任何物种喜欢被利用。当寄生者不愿遵循“给予－获得”（互利）的游戏规则时，事情就会变得龌龊。

人类相信，所有其他动物都不能做出有意识的决定，并声称它们的行为完全是天生本能。所以，我们很难解释两种动物如何彼此合作，互利共惠。当然，动物虽然不能有意识地决定自己的伙伴关系，但是，它们会通过一代又一代的“学习”了解到，如果自己能够与其他动物合作，生存与获得食物的机会将更大一些。

▲ 槲寄生植物是寄生客。虽然它们能够自己制造养料，但是却要依赖其他植物为它们提供水和矿物质。它们通过轻轻“拍打”自己的寄主树，从而把寄主树上的水接进自己的体内。槲寄生植物的种子会散播到其他寄主树上去。

寄居蟹

寄居蟹并不是唯一利用针刺般的海葵来保护自己的动物。生活在印度洋中的螃蟹放弃了用脚爪保护自己的传统方式，勇敢地选择了海葵。它们的每只钳子上都有一只海葵，就像在每只手上戴了拳击手套一样。当它们被潜在的捕食者打扰时，就会用有刺的海葵一阵猛刺，这足以防御大部分敌人了。作为回报，当寄居蟹在撕裂、吞食食物时，海葵就从那些漂浮的食物中获取自己的营养。利用海葵进行防御是如此有效，以至于寄居蟹的钳子都已经退化了。

互相搔痒

两种动物互相受益的关系，称为互利共生（有时也叫共生关系）。在灰蝶科中，有许多种蝴蝶（包括蓝蝶、灰蝶、铜蝶）的毛虫和树蚁，就存在这种关系。例如，澳大利亚的绿树蚁和一种生活在橡树林中的蓝蝶，就有一种不牢靠的共生关系（因为这种蚂蚁通常会吃掉蓝蝶的毛虫）。当这种蚂蚁遇到蝴蝶的毛虫后，最初并不会袭击并吃掉它们，而是会细心照料它们。蚂蚁甚至会把这些毛虫搬运到安全的树叶上去过夜，并关注毛虫的一举一动。作为回报，毛虫会按时从背后的一个小孔内分泌出含糖分的、有黏性的体液——蜜露。蚂蚁非常喜欢这种汁液，会把汁液舔食干净。在毛虫的身体上，还有其他几个孔，从这些孔里会分泌出氨基酸。这些氨基酸同样会被蚂蚁充满感激地接受。而毛虫获得的利益就是被保护——蚂蚁会毫无畏惧地保护它们免受天敌的伤害。那些生活在没有绿树蚁的树上的毛虫，非常容易成为捕食者的猎物。

互利共生的另一个典型例子是小虾和它那受人尊重的共生伙伴——虾虎鱼。小虾看不见，但它是一个熟练的挖洞工；虾虎鱼对危险很敏感，但不会为自己挖洞。于是，小虾会挖出洞穴和虾虎鱼一起分享。当它们要吃食时，会手牵着手出发，或者小虾的一条触须总是与虾虎鱼保持着联系。如果虾虎鱼发现危险，就会向后退入洞穴，这也是在通知小虾立刻撤退。

大型动物之间也会形成这样的友谊。侏儒猫鼬是许多动物的猎物，它们每天必须依靠躲避自己的天敌才能生存下来。所以，当一些侏儒猫鼬猎食时，另一些会放哨，而放哨的猫鼬尤其容易遇到危险。不过，它们通常会和犀鸟一起进食，这对彼此都有好处。犀鸟守夜，预防危险。当犀鸟发现捕食者后，会警告猫鼬。这使猫鼬不但能有更多的时间进食，甚至还能放松自己的岗哨。作为回报，猫鼬在吃食过程中遗落的昆虫和幼虫，会被犀鸟拣食。

在互利共生行为中，经常能看到修饰和清洁行为。许多大型食草动物求助于一些鸟，如黄嘴牛椋鸟，让鸟儿帮助自己清除身上讨厌的虱子和虫子。同样，许多鱼也会停下来，让勤劳的清洁虾或濑鱼为自己严格地“清洗”。在这些案例中，当其他动物高兴地看着身上的寄生者离自己而去时，“清洁工”则在自由地享用自己的食物。

◀ 这条盲眼小虾似乎完全不适应水中的生活，而必须依赖它的伙伴——虾虎鱼。虾虎鱼会警告小虾哪儿有危险。如果没有虾虎鱼，小虾就不能逃脱捕食者的猎捕。作为回报，虾虎鱼居住在小虾的洞穴里，而且小虾还经常为虾虎鱼清洁身体。

▲ 当淡水龟跑出水面晒太阳时，有盐味的分泌物（在水里能起到保护作用）就会持续从它们的眼里和鼻子里流出来。蝴蝶的生存需要盐分，所以它们经常会成群聚集在乌龟的周围，舔食那些咸味的液体。

谁是受益者

偏利共生是一种特殊的关系，在这种关系中，只有一方获益，但另一方也不会受到伤害。不过，在这种关系中，究竟谁获益却很难被分辨。所以，我们提到的一些偏利共生关系可能也是互利共生，在这种关系中，两个有机体都同时获益，但其中一方的获益可能不那么明显。例如，有一种寄生蟹，它的壳上常寄生着海葵。海葵身上的刺须，能帮助寄居蟹防御像章鱼这样的天敌。当寄居蟹从旧壳里出来进入新壳时，通常也会把海葵带走。海葵并不能从这种关系中得到特别的利益，虽然它可能会从寄居蟹那里获得一些食物。此外，由于寄居蟹会四处走动，海葵也会面临更大的危险。

在寄居蟹中，还有一个品种也具有偏利共生的特性，但这次却不是寄居蟹获益。当寄居蟹爬进被海螺丢弃的壳时，它通常不是壳中唯一的“居住”者。沙蚕通常也会占据在壳中。行动迟缓的寄居蟹不太可能把沙蚕从壳里驱逐出去，而沙蚕似乎也并不愿意为寄居蟹腾出空间。当寄居蟹吃食时，沙蚕就把自己的头伸出来，安静地分享寄居蟹的一些食物，而寄居蟹却不能从沙蚕这位食客那儿获得什么东西。

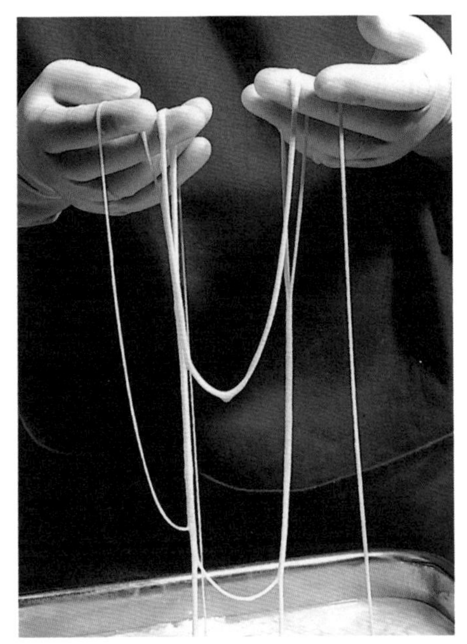

▲ 在吃了被污染的肉类后，人类通常会感染绦虫。这种绦虫寄生在人体小肠内，并在那里吸收它们所需要的一切营养。这种虫子能长到5米长，在极端的案例中，它们会纠缠在一起，阻碍人体的内脏功能。

▲ 血吸虫病是一种发生在哺乳动物和人体身上的肮脏的寄生疾病。它是由血吸虫引起的。这种血吸虫的生命循环要经过几个阶段。除了人，它们还有两类主要寄主——哺乳动物和淡水蜗牛。对于人类，血吸虫寄生在肠道中。血吸虫有像尖刺一样的卵，会随同人体的尿液和粪便排出。一旦到达淡水中，它们会继续自己的生命循环。

在所有的水中捕食者中，鲨鱼是最凶猛的动物之一。但是，也有一种名叫短的鱼从它们那儿获得好处。鲨鱼长有一种特殊的背鳍，就像吸管一样。短牢牢粘在鲨鱼身上，并以鲨鱼吃剩的食物为食。所以，鲨鱼并没有被真正伤害，但它显然也没有获得什么好处。

可恶的寄生虫

当一种有机体依靠另一种有机体生活，并对另一种有机体造成伤害时，它就是寄生虫。这样的寄生虫有数百万。在最致命的寄生虫中，有许多都是细小的单细胞生物，被称为微型寄生虫。这种罪恶的生活方式，使它们成为一种令人讨厌的、极为卑鄙的生物。在这些生物中，有一种是能够致命的寄生虫（引起疾病的），它们能为人类带来巨大的威胁，尤其是在贫穷国家。专性寄生物就是这样一种寄生虫，它们终生依靠寄主的身体生活。而兼性寄生物既能以寄生虫的形式生活，也能以无拘无束的有机体的形式生活。有一些寄生虫本身就是骗子，而它们又成为另一些寄生虫的寄主。例如，一些原生生物有时就寄生于跳蚤体内。以其他寄生物为目标的

◀ 热带地区潮湿的气候使许多真菌，包括在一种昆虫上寄生的菌类，都能旺盛地生长。在这只蚱蜢的身上，已经大批滋生了这样的杀手。

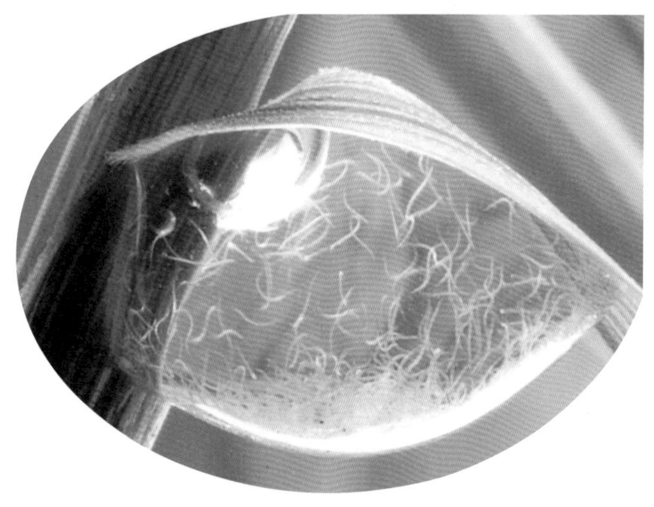

◀ 这堆混乱的蛔虫幼虫悬浮在水滴中。蛔虫是一种寄生虫，在孩子们的身体里，它们是最普通的一种寄生虫。但是，它们除了使人皮肤发痒，并不会对人体造成真正的伤害。通常存在于热带地区的蛔虫，才是寄主最大的威胁。

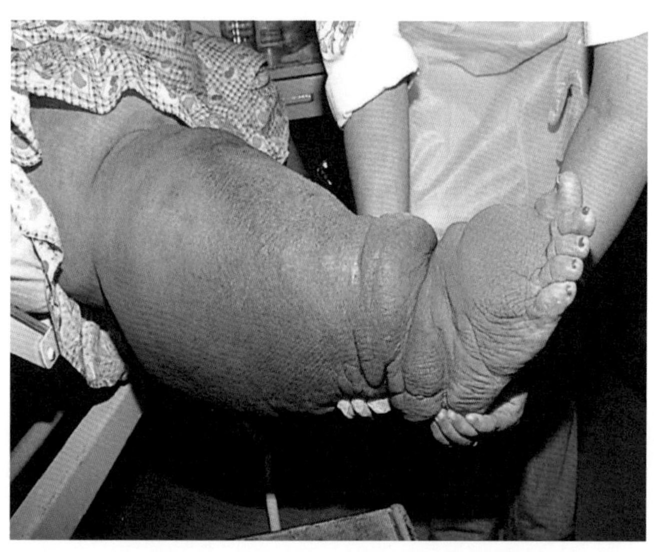

◀ 图中这位妇女因为象皮病而痛苦。这是由血丝虫感染引起的。这种寄生虫经常通过苍蝇进入人体和人体的淋巴系统。如图所示，由于丝虫大量繁殖，阻碍了人体的淋巴血管，从而阻挡了淋巴液的流通，使她的腿和足肿大。象皮病折磨着数百万人，尤其是在一些贫穷国家。

身体的掠夺者

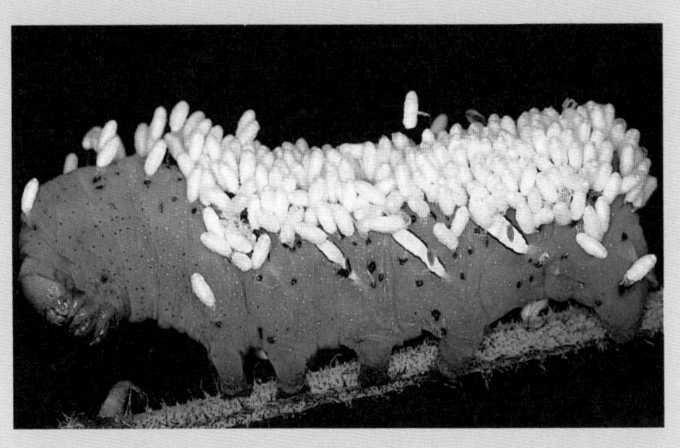

在大自然中，寄生最极端的案例是对身体的掠食。有几种黄蜂，如埃及蠓，会在不同种类的蝴蝶与蛾子的毛虫身体中产卵。它们先使毛虫麻痹，然后把自己的卵注射到毛虫体内。在毛虫体内，卵发育成幼虫。但是，这些幼虫并不会吃毛虫体内的重要器官。一旦幼虫准备化成蛹时，它们就会在毛虫体内啃咬出一条道路，并冲出毛虫的身体。

很明显，它们会通过这种方式杀死毛虫，并在毛虫的死尸上化蛹。这种总是杀死寄主的寄生行为被称为拟寄生。

寄生物，是重寄生物（拟寄生物）。

有一些寄生生物一旦寄居在寄主体内，就会改变寄主的行为方式。有一种雨林中的寄生菌，就寄生在蚂蚁身上。当这种菌类寄生在蚂蚁身上后，就会破坏蚂蚁的神经系统，导致蚂蚁的行为反常。这时，蚂蚁会爬到高高的树梢上，并在那里耗尽体内的能量，然后死去。不过，寄生菌能利用树梢上的有利位置，成功地把自己的孢子撒播在风中。

讨厌的绦虫

绦虫是一种寄生的扁形虫，能给许多大型哺乳动物带来痛苦，包括人类。牛是牛肉绦虫的寄主，猪是猪肉绦虫的寄主。但这两种绦虫都能在人体上找到。猪肉绦虫通过它们头顶的钩形头冠，使自己安全附着在人体的内脏壁上。其他种类的绦虫则通过吸附装置附着在人体上。不过，“内脏寄生虫之王”一定是生存在抹香鲸那巨大的、像洞穴一样的内脏中的绦虫——它们能够长到 30 米长。还有一些热带蛔虫也寄生在人的体内，并会给人类带来严重的伤害。例如，十二指肠钩虫一旦寄生在人体内，就会撕扯人体的内脏壁，以人体的血液和细胞为食。

食物链和食物网

生态系统可以被看成是一个能量流——从太阳到植物，再到植食性动物和肉食性动物。在复杂的食物网和食物链中，我们发现，人类并不是唯一需要计算卡路里的生物。

植物将太阳能转化成化学能的能力，构成了生态系统的基础。它将植物、动物和它们的生活环境联系起来，形成了复杂的食物链和食物网。食物链和食物网中的每一层级都被称为一个营养级。大多数生态系统只有三四个营养级，但是有的生态系统也有六七个营养级。营养级的数目受到能量的限制。

▲ 图中有一大片广袤无垠的绿色植物，还有许多斑马以这些植物为食，而这些斑马只可能成为一头狮子的美餐。在大多数情况下，一种生物总是比食用它们的动物多许多倍。这清楚地展示了一条食物链，从中我们可以看出，越靠近食物链上端，营养级中的生物数量越少。

植物的力量

大多数生物的能量来源是太阳。太阳能通过辐射的方式从太阳到达地球表面。只有绿色植物才能通过光合作用将太阳能转化为化学能。这种化学能是地球上大多数生命赖以生存的能量流，因为能量只能以化学能的形式被其他生物利用。到达地球表面的太阳能当中，只有 5% 能够被绿色植物用于光合作用并转化成可利用的化学能，而大约 80% 的太阳能要么被地面吸收，要么被灰尘、云朵和水反射回去，另外还有大约 15% 的太阳能被大气中的臭氧层吸收。

简单的食物链

这条简单的食物链显示了能量是如何逐级递减的以及散失的能量都去了哪里。最细的箭头代表通过呼吸作用散失的能量。在呼吸作用中，老鼠之类的恒温动物会比壁虎之类的冷血动物散失更多的能量。通过呼吸作用散失的能量多少也受到动物的体形大小和活跃程度的影响，如老虎要比蛞蝓散失更多的能量。

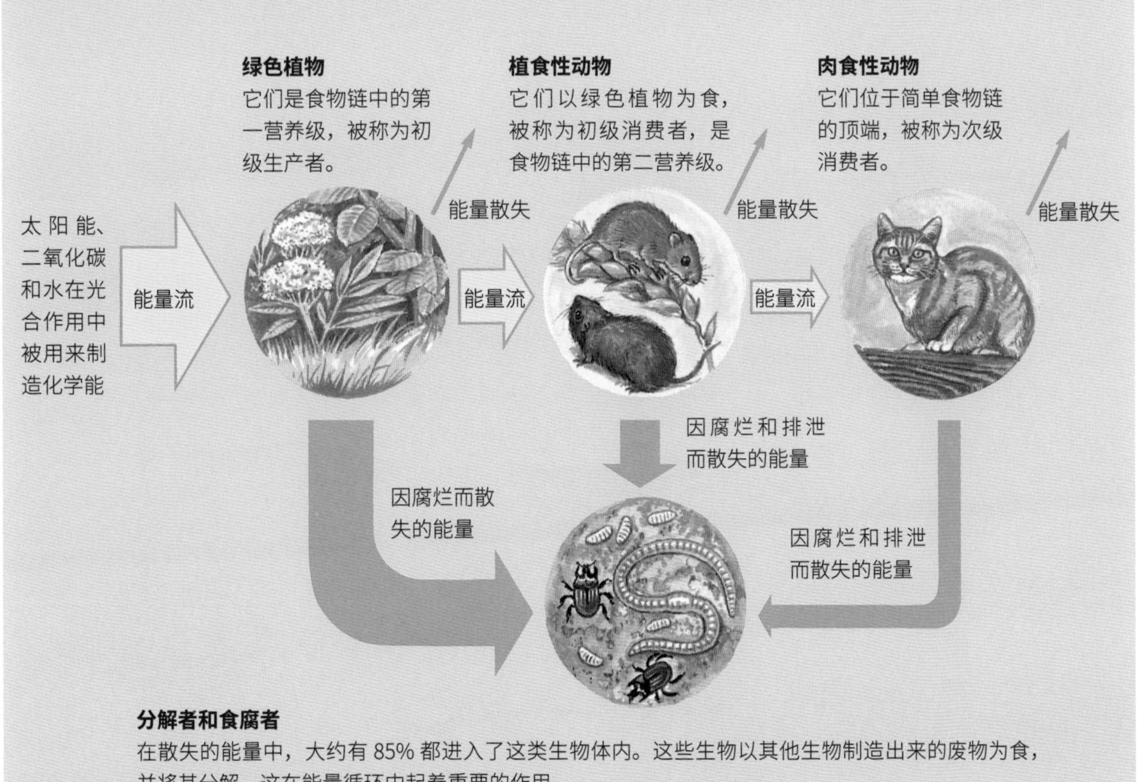

能量的传递

在食物链的不同营养级中，能量会逐级递减。但是能量并不会真正丢失或者获得，它只是从一种形式转变成了另一种形式。所以，那些通过呼吸和排泄散失的能量，其实只是从化学能转化成了热能，而热能无法像化学能那样在食物链中继续流动。因此在食物链中，实际上是可利用的化学能在逐级减少，而进入生态系统的能量总和与离开生态系统的能量总和是相等的。

食物链

绿色植物是食物链中最基本也最关键的一环。在生态系统中，绿色植物是能量的转化者和储存者，它们扮演着初级生产者的角色。它们将化学能以高能碳水化合物（如葡萄糖、淀粉、

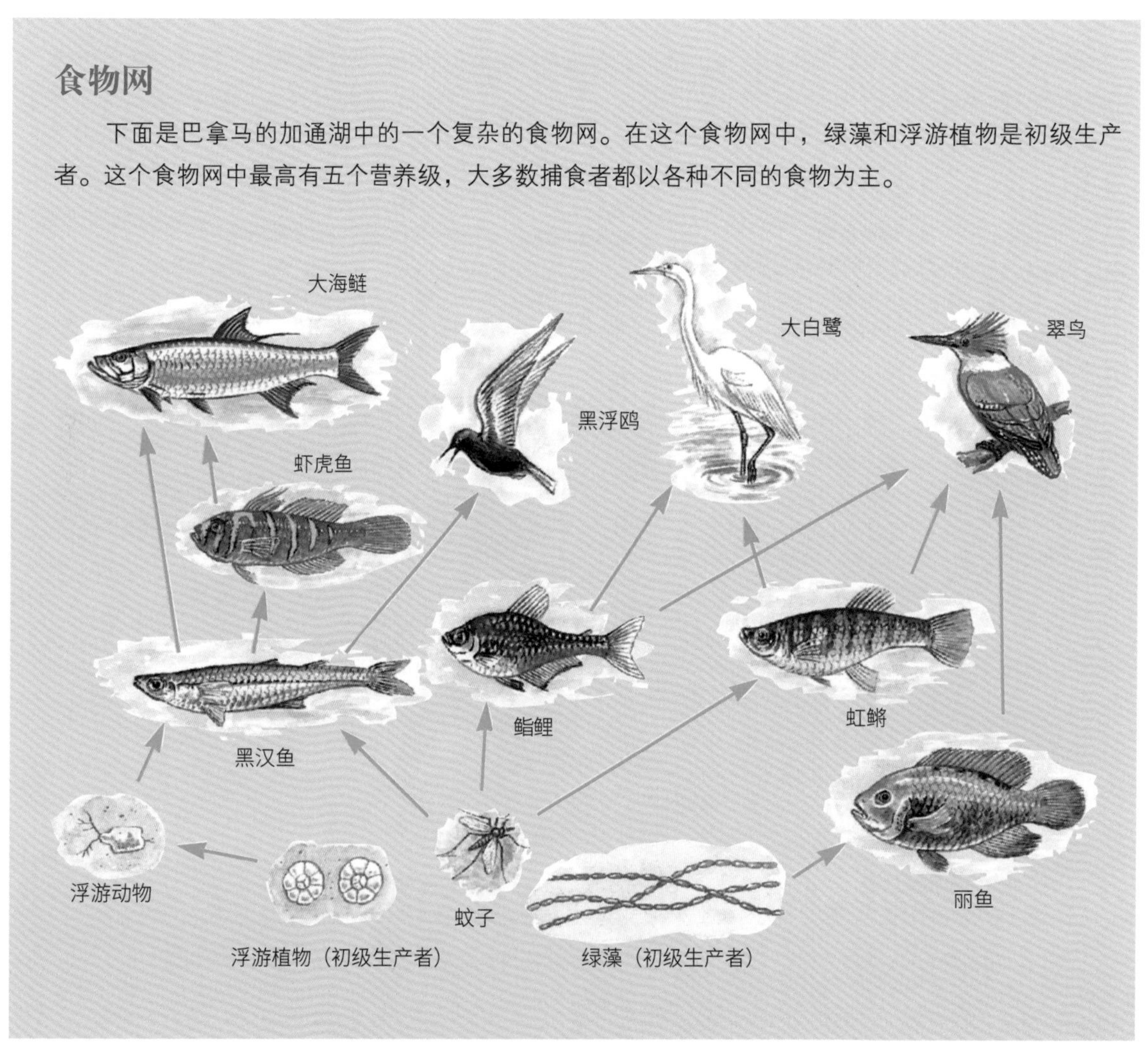

食物网

下面是巴拿马的加通湖中的一个复杂的食物网。在这个食物网中，绿藻和浮游植物是初级生产者。这个食物网中最高有五个营养级，大多数捕食者都以各种不同的食物为主。

蔗糖）的形式储存起来。

在这些能量中，有一部分被植物自身用来供给生长和呼吸。这种制造高能量分子的能力意味着植物不需要依赖其他生物就可以获得能量，因此它们被称为自养生物。而那些位于更高营养级上的生物被称为异养生物，它们需要依赖自养生物把化学能带入食物链中才能生存。

植食性动物

植物被植食性动物食用，如牛、瞪羚、马等。植食性动物被称为初级消费者，它们构成了食物链中紧邻植物的营养级。进入这一营养级的化学能比绿色植物生产出来的化学能要少得多，因为一部分能量被植物用于生长和呼吸作用了，而且并不是所有的绿色植物都会被植食性动物食用。此外，有些绿色植物还没有被动物吃掉，就死亡并腐烂分解了，所以这些植物中的能量就不能被传递到下一个营养级了。由于能量的减少，供应给动物的能量不足，因此植食性动物的数量远远少于植物。

植食性动物从植物中获得的能量当中，又只有少量被用来供自己生长，其中 96% 的能量都通过尿液、粪便、汗水等方式以热量的形式散失了。

你知道吗？

在黑暗中

在大多数生态系统中，绿色植物是初级生产者，但并非所有的生态系统都是如此。在地球的内部，只有很少的阳光能够抵达，在这里，一些微生物扮演着初级生产者的角色，负责在没有太阳能的条件下制造化学能。这个过程需要特殊的细菌，如硫黄细菌，通过化学合成作用实现。它们利用硫化氢这样的分子制造出葡萄糖之类的高能量分子，然后，这些分子又被其他生物利用。有一个这种类型的生态系统，10 年前在深海的地热口处被发现了。在地壳暂时破裂的地方，会有一个热量出口。从裂口中逃逸出来的热量和化学物质会被细菌用来制造化学能。成群的管虫（下图）、螃蟹、蛤蜊和鱼会进化出特殊的习性，把这些细菌当作初级生产者，摄取它们制造出来的能量。

肉食性动物

肉食性动物吃植食性动物，它们是一个简单食物链的最后一环，也被称为次级消费者。肉食性动物只能利用植食性动物体内的能量。由于可供利用的化学能继续减少，因此，肉食性动物的数量又比植食性动物的数量少得多。

散失的能量

这张图表显示了在 1 平方米的草地上，当植食性动物在吃草时，青草中含有的能量会发生什么样的变化。我们可以看出，在所有被牛吸收的能量中，只有 4% 会被用于自身成长。

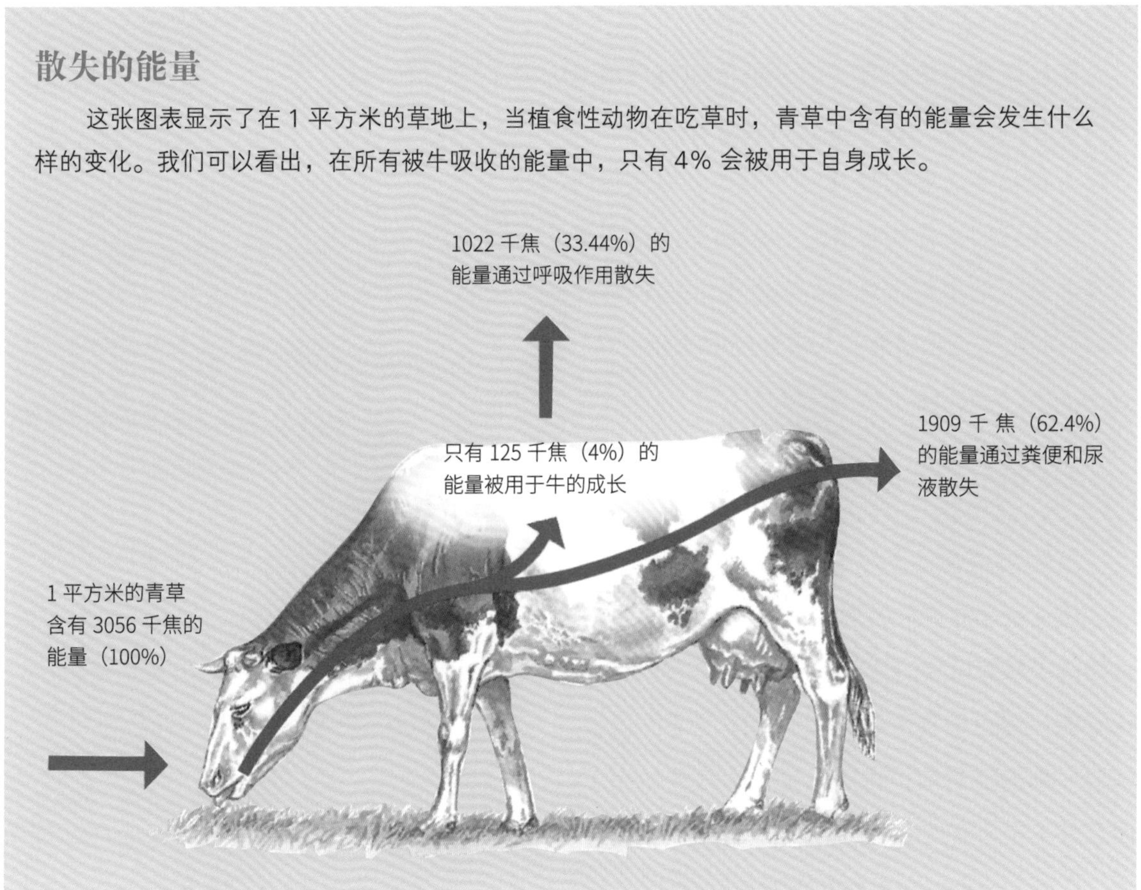

▲ 这些寄生虫试图钻进甲虫那坚硬的壳中。无论多大、多有力量的生物，通常都对这种折磨人的小寄生虫无能为力。

金字塔

生物学家通常用金字塔图来表示食物链中不同要素的分布情况。食物链金字塔一般有三种基本类型：数量金字塔、生物量金字塔以及能量金字塔。

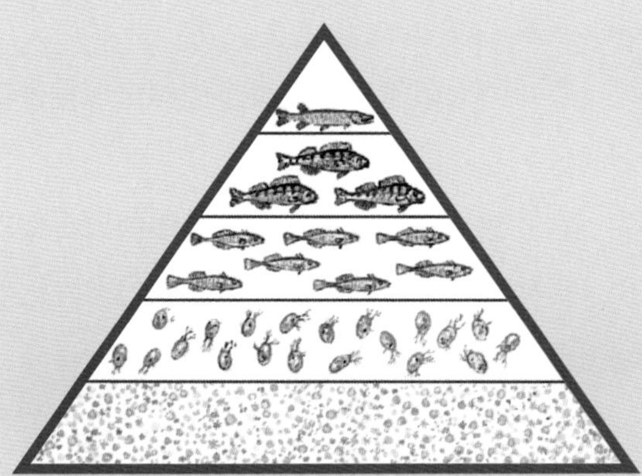

数量金字塔

数量金字塔被用来表示不同营养级中生物的数量是如何沿着食物链递减的。但是数量金字塔并非在所有情况下都适用。例如，在由一棵橡树构成的生态系统中，只有一个初级生产者（橡树）以及许多以初级生产者为食的初级消费者。数量金字塔并不适合这样的系统，因为无法考虑生物的大小。

生物量金字塔

生物量金字塔显示了从金字塔的底端到顶端，生物的总干重（生物量）逐级递减的现象。在生物量金字塔中，生物的大小被考虑进来，因此在描述只有一个或者几个大型初级生产者的食物链时，生物量金字塔非常有用。这种金字塔的主要缺陷是，为了计算生物的干重，必须先把它们杀死，这种收集数据的方式太具破坏性了。

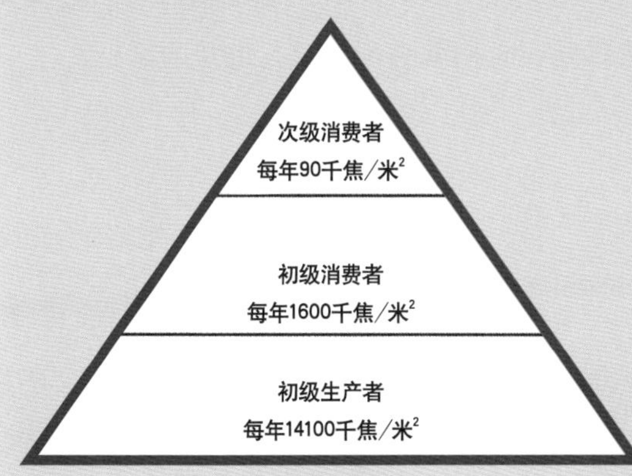

能量金字塔

能量金字塔可能是展示食物链的最好的金字塔图，因为它仅仅展示能量在相邻营养级之间的传递情况。由于能量的转移是食物链的基础，而且随着营养级的增高，能量总是越来越少，因此能量数据总是能构成金字塔的形状。

▲ 这只水蜘蛛俘获了一条刺鱼。蜘蛛吃不下固体食物，所以它们会把一种消化酶注射到猎物体内或身上。这种消化酶会溶解猎物的内部器官，将其变成富有营养的汁液，然后，蜘蛛再把汁液吸入胃中。

▲ 一只食蚜蝇被蜘蛛网粘住了，蜘蛛迅速上前，咬住食蚜蝇并将其麻醉。食蚜蝇要么直接被蜘蛛吃掉，要么被蜘蛛用蛛丝包裹起来，挂在食物“仓库”中，留着以后再吃。

在利用并整合能量方面，肉食性动物一般比植食性动物更有效率。尽管如此，大部分能量依然会通过呼吸和排泄以热能的方式散失。正如植食性动物不会吃掉所有的植物一样，肉食性动物也不会吃掉所有的植食性动物，此外，还有一些植食性动物会死亡并腐烂，所以，最初的太阳能只有极少量能够出现在食物链的这一营养级中。

在一些生态系统中还有更高级的肉食性动物，被称为三级消费者，它们以别的肉食性动物为食，或者同时以植食性动物和肉食性动物为食。例如，大型鲨鱼和虎鲸常常猎食海豹和海豚，而海豹和海豚是以小鱼为食的。

事实上，大自然中几乎不存在简单的食物链，食物网更为普遍，因为大多数动物并不只吃单一的食物，它们的“食谱”丰富多样。这赋予了动物更大的保障，如果一种类型的食物匮乏，它们只要吃另一种就可以了。食物种类单一的动物，如大熊猫，一旦它们赖以生存的植物资源因为疾病或者生长地被人类拓垦而变得稀缺，它们就会面临饿死的危险。

寄生生物

寄生生物是一类特殊的消费者，它们存在于每一个营养级中，甚至还有寄生在其他寄生生物身上的寄生生物，它们被称为重寄生物。据说寄生生物对控制其他生物的数量起着重要作用。杂食动物和分解者也以各个营养级中的动植物为食。

死亡后的生命

当植物和动物死亡后，它们会被其他生物迅速分解。这些生物在能量的循环中起着至关重要的作用。细菌和真菌被称为分解者，而其他一些生物，如蛆、蠕虫和苍蝇，被称为食腐者。生物的腐烂是在物理因素、化学因素和生物因素的共同作用下完成的。在腐烂过程中，富含能量的大分子会被分解成小分子有机物和无机物，然后这些物质可以再次被植物利用。这样，死去的生物的残骸就可以重新返回食物链中。分解者不但能够分解死去的动物和植物，还能分解其他的有机物质，如脱落的皮肤、羽毛、角、树叶等。这些生物通常被认为是低等的生命形式，但是它们是食物网中不可或缺的元素。